Bienen

104 BESONDERE ARTEN
AUS ALLER WELT
IN FASZINIERENDEN
NAHAUFNAHMEN

SAM DROEGE
LAURENCE PACKER

Leopold Stocker Verlag
Graz – Stuttgart

Umschlaggestaltung: DSR – Werbeagentur Rypka, A-8143-Dobl/Graz, www.rypka.at

Abdruck aller Fotografien mit freundlicher Genehmigung der United States Geological Survey (USGS).

Titel der englischen Originalausgabe:
Sam Droege, Laurence Packer: Bees. An up-close look at pollinators around the world. First published in 2015 by Voyageur Press, an imprint of Quarto Publishing Group USA Inc., 400 First Avenue North, Suite 400, Minneapolis, MN 55401 USA.

Aus dem Englischen ins Deutsche übertragen von Mag. Tanja Bruxmeier.

Bibliographische Information der Deutschen Nationalbibliothek
Die Deutsche Nationalbibliothek verzeichnet diese Publikation in der Deutschen Nationalbibliographie; detaillierte bibliographische Daten sind im Internet über http://dnb.d-nb.de abrufbar.

Hinweis:
Dieses Buch wurde auf chlorfrei gebleichtem Papier gedruckt. Die zum Schutz vor Verschmutzung verwendete Einschweißfolie ist aus Polyethylen chlor- und schwefelfrei hergestellt. Diese umweltfreundliche Folie verhält sich grundwasserneutral, ist voll recyclingfähig und verbrennt in Müllverbrennungsanlagen völlig ungiftig.

Auf Wunsch senden wir Ihnen gerne kostenlos unser Verlagsverzeichnis zu:
Leopold Stocker Verlag GmbH
Hofgasse 5 / Postfach 438
A-8011 Graz
Tel.: +43 (0)316/82 16 36
Fax: +43 (0)316/83 56 12
E-Mail: stocker-verlag@stocker-verlag.com
www.stocker-verlag.com

ISBN 978-3-7020-1589-3

Book Design: John Barnett and Wendy Holdman
Layout: Wendy Holdman

Gesamtherstellung: Werbeagentur Rypka, 8143 Dobl, www.rypka.at
Printed in China

INHALT

VORWORT

Wenn Sie beim Durchblättern des Buches meinen, diese Bienen sehen ziemlich ungewöhnlich aus, dann darf ich Sie in unserer Welt willkommen heißen! Viele Jahrzehnte schon reisen wir quer über alle Kontinente, um gemeinsam mit unseren Kollegen Bienen zu erforschen und dabei auf den Pfaden ehrgeiziger Wissenschaftler und begeisterter Hobbybiologen zu wandern.

Die bemerkenswerte Schönheit dieser Insektengruppe wird von vielen Bienensammlern geschätzt und ist nicht selten ausschlaggebend dafür, warum wir überhaupt erst auf eine Bienenart aufmerksam werden. Dennoch hätten die meisten aus unserer Forschergruppe nie gedacht, dass sich auch weniger engagierte Bienenfreunde für die Schönheit, die wir durch unsere Mikroskope sehen, begeistern würden. Ähnlich, wie sich Astronomen nach der Veröffentlichung der Bilder des Hubble-Teleskops des breiten öffentlichen Interesses am Weltall bewusst wurden, erkannten auch wir, dass unsere Aufnahmen große Beachtung finden. Um genau zu sein, war es eine von Sam Droeges Töchtern, die uns mitteilte, dass eines seiner Bilder auf *Reddit*[1] innerhalb von zwei Tagen 200.000 Mal angesehen wurde! Wir wollen dieses Interesse weiter fördern und die Vielfalt an geheimnisvoll anmutenden, unwiderstehlich schönen Bienen, die mit uns auf dieser Erde leben, einem noch breiteren Publikum zeigen.

Deshalb haben wir dieses Buch geschrieben und es so gestaltet, dass es Sie zum Schmökern einladen soll. Sie können darin blättern und es auf jeder beliebigen Seite zu lesen beginnen, wenn Ihnen ein besonderes Detail ins Auge sticht. Entdecken Sie die Faszination des Bildes, seiner Motive und seiner Farben. Entdecken Sie, wie facettenreich das Außenskelett der Bienen sein kann, wie anmutig die Geometrie seiner Formen. Die Versuchung wird groß sein, auf einzelnen Seiten zu verweilen, um die gestochen scharfen Details auf den Bildern zu betrachten. Angaben zur jeweiligen Spezies finden Sie im dazugehörigen Text.

[1] *Reddit ist eine Art Internetmuseum, in dem die Exponate von den Nutzern bewertet, aktualisiert und sortiert werden.*

Dies ist keine wissenschaftliche Publikation; die Kapitel folgen keinerlei Ordnung, die auf das evolutionäre Verhältnis zwischen den Bienenvölkern schließen ließe. Wir waren nicht darauf bedacht, alle *taxonomisch*[2] erfassten Bienengruppen in gleichem Maße zu berücksichtigen oder sie entsprechend der Häufigkeit ihres Vorkommens zu reihen, sondern haben lediglich eine Einteilung nach Kontinenten vorgenommen. Sie werden einen vollkommen neuen Teil unserer Natur kennenlernen, der in Vorgärten, auf Spazierwegen und in Parks von unseren Blicken meist ungesehen bleibt. Wir sind wahrhaftig umzingelt von Bienen, deren Schönheit wir mit bloßem Auge nicht so ohne Weiteres entdecken können.

Jede Bienenart wird mit einem Charakterporträt vorgestellt. Sie werden allerdings feststellen, dass viele Exemplare lediglich ihrer Gattung zugeordnet werden konnten, da sie wissenschaftlich noch nicht näher definiert wurden, und dass in manchen Fällen kaum etwas über die Lebensweise der Biene bekannt ist. Dies ist das Schicksal der kleinen Dinge; so wichtig sie auch sein mögen, sie sind nur unzureichend erforscht. Was unseren Wissensstand über die Welt der Bienen betrifft, hinken wir den Wirbeltierforschern um rund 150 Jahre hinterher. Die Tatsache, dass es mehr Bienenarten gibt als alle Säugetier-, Vogel- und Reptilienarten zusammengezählt, macht die Sache nicht einfacher. Wir hoffen daher, mit diesem Buch eine weitere Generation an Wissenschaftlern und Hobbybiologen dazu anzuspornen, Bienen überall auf der Welt mit ihren Fotoapparaten und Fangnetzen aufzuspüren und zu studieren. Die Bienenforschung stößt immer wieder auf Phänomene, die von den bereits beschriebenen Mustern abweichen und auch für die kommenden Jahrzehnte genügend Fragen offenhalten.

Bei der Auswahl der Bienenarten für unser Buch sind wir recht eigenwillig vorgegangen. Uns war es wichtig, Exemplare von allen Kontinenten und von jedem Bienentypus vorstellen zu können. Mindestens sollten es jedoch 100 Stück sein (gerade einmal 0,5 Prozent der bekannten Arten). Die abgelichteten Bienen stammen aus unseren eigenen Sammlungen, aus Leihexponaten aus aller Welt sowie aus der Smithsonian Institution[3].

Als dieses Buch geschrieben wurde, gab es etwas mehr als 20.000 benannte Bienenarten. Experten schätzen, dass ungefähr 20.000 weitere Arten existieren, die es noch zu benennen gilt (und vielleicht möchten Sie, lieber Leser und liebe Leserin, hierzu einen Beitrag leisten).

Es mag nicht sonderlich überraschen, dass die meisten unbenannten Arten außerhalb Europas und Nordamerikas anzutreffen sind. Doch man muss gar nicht weit in abgelegene Gebiete vordringen, um auch auf diesen beiden Kontinenten ständig neue Arten zu entdecken, die es wert sind, eingehend untersucht und studiert zu werden. In diesem Buch, wie auch in der Bienenforschung ganz generell, werden unbekannte Arten mit dem Gattungsnamen gelistet und mit dem Beiwort „-Art" ergänzt, wie zum Beispiel „*Colletes*-Art".

[2] *nach bestimmten Kriterien klassifiziert*

[3] *Die Smithsonian Institution ist eine US-amerikanische Forschungs- und Bildungseinrichtung, die zahlreiche Museen umfasst*

Somit ist das, was Sie in diesem Buch zu Gesicht bekommen, nur eine kleine Auswahl der bunten Vielfalt unvergänglich reizvoller Bienen, von denen jede ihren Alltag auf andere Weise meistert und sich von den übrigen durch ihre Körpermerkmale und Verzierungen, ihr farbliches Erscheinungsbild, den Grad ihrer Behaarung und andere charakteristische Eigenheiten unterscheidet. Dieses Buch bietet, passend zu jeder Bienenart, Kurzgeschichten, in die auch einige einfache Fachbegriffe eingestreut sind. Sollten Sie auf einer Seite keine Erläuterung zu einem Fachbegriff finden, liegt das daran, dass dieser in anderen Profilen erklärt wird.

Bienen werden in 7 Familien und 520 Gattungen unterteilt, wobei die Gattung nach der Familie die taxonomisch nächstgereihte Stufe darstellt. Wenn man die geografischen Makroregionen der Erde betrachtet, verzeichnet Südamerika mit 249 die meisten Bienengattungen, gefolgt von der Region um Mexiko, Mittelamerika und die Karibik mit 154, Afrika mit 145, Asien mit 131, dem nordamerikanischen Kontinent nördlich von Mexiko mit 105, Europa mit 75 und Australien mit 68 Gattungen. Überraschend ist, dass die große Bienenvielfalt nicht so sehr in den Regenwäldern zu finden ist, sondern in den trockenen Gebieten der Erde. Wüstenregionen und Dornbuschsavannen besitzen eine Fülle von Pflanzenarten, die den extremen klimatischen Bedingungen angepasst sind und durch ihre Blüte entsprechend viele Bienen anlocken. Ungeachtet des Artenreichtums in Trockengebieten, lassen sich auch in den übrigen Gebieten der Erde reichlich Bienenvölker finden. Solange ein Land nicht dauerhaft von Eis und Schnee bedeckt ist, werden dort blühende Pflanzen wachsen und es wird Bienen geben, die diese bestäuben.

Zu guter Letzt möchten wir darauf hinweisen, dass die Bilder in diesem Buch für jedermann zugänglich sind und kostenlos von der USGS[4]-Datenbank auf Flickr heruntergeladen werden können: www.flickr.com/photos/usgsbiml/. Drucken Sie die Bilder aus und befestigen Sie sie an Ihrem Kühlschrank (der voll mit Lebensmitteln ist, die wir den Bienen zu verdanken haben!).

Bienen und ihre Blütenpflanzen weisen eine mehr als 150 Millionen Jahre andauernde gemeinsame Entwicklungsgeschichte auf, in der Pflanzen wie Insekten weite Wege zurückgelegt haben. Ihre ertragreiche Beziehungsarbeit hat einen 100 Milliarden Dollar schweren Wirtschaftszweig ermöglicht, der schlichtweg darauf basiert, Blumen zu verkaufen, die von Bienen „geschaffen" wurden. Ob Orchidee oder Margerite, die breite Palette an Blütenfarben und -formen, die wir in unseren Blumenläden vorfinden, verdanken wir in erster Linie den Bienen und einigen anderen Bestäubern.

Anmerkung der Übersetzerin

Bei denjenigen Bienenarten, die mit einem Sternchen versehen sind, existieren keine deutschen Bezeichnungen. Die englischen Artennamen wurden von den Autoren und Sammlern erdacht und geben besondere Merkmale der Spezies preis. Die nachgestellten deutschen Übersetzungen haben keinerlei wissenschaftliche Relevanz, sondern dienen lediglich der Orientierung für Leser, die der englischen Sprache nicht mächtig sind.

Für alle übrigen Bienenarten gibt es deutsche Trivialnamen, die hier verwendet wurden. Ich danke an dieser Stelle Univ.-Doz. Dr. Michael Kuhlmann sowie Hofrat Mag. Fritz Gusenleitner für die Unterstützung bei der Namensfindung.

[4] *United States Geological Survey: Unabhängige wissenschaftliche Behörde, die u. a. Daten in den Bereichen Geologie, Geografie und Biologie sammelt, analysiert, beobachtet, auswertet und der Öffentlichkeit zur Verfügung stellt, um zum sicheren Fortbestand der Ökosysteme beizutragen.*

AUSTRALIEN & PAZIFISCHE INSELN

Stenotritus pubescens

* engl.: Downy Swift („Behaarter Segler“)

Gesammelt von Laurence Packer in Westaustralien

In der Welt der Bienen gibt es sieben Familien. Fünf dieser Familien umfassen mehr als 20.000 Arten (und noch viele weitere warten darauf, in den nächsten Jahren beschrieben und benannt zu werden), die anderen beiden Familien sind bedeutend kleiner. Die *Stenotritus pubescens* gehört der kleinsten Familie an, jener der Stenotritidae, die nur zwei Gattungen mit insgesamt 21 Arten zählt. Während die übrigen Bienenfamilien in der Alten und Neuen Welt[5] gleichermaßen vertreten sind, trifft man die Stenotritidae nur in Australien an.

Die *S. pubescens* versorgt ihr Nest mit den Pollen hoher Eukalyptusbäume und bewegt sich dabei außerhalb der Reichweite von Biologen, die sie erforschen möchten. Da kommt es nicht ungelegen, dass die Biene zum Nisten Bodennähe sucht. Die Weibchen siedeln sich bevorzugt in kahlen sandigen Böden an und hinterlassen beim Graben der Nisthöhle einen großen Haufen Sand am Eingang, der das Nest für Sammler relativ leicht auffindbar macht. Mit einer simplen, aber sehr effektiven Fangtechnik wird die Biene zur leichten Beute: Ein verkehrt über dem Nest platzierter Trinkbecher lässt herausfliegenden Bienen kein Entkommen mehr. Und jene Bienen, die auf Futtersuche waren, sind ob des in ihrer Abwesenheit platzierten Gegenstandes über ihrem Nest derart verwirrt und orientierungslos, dass sie ohne große Anstrengung eingefangen werden können.

[5] *Historische Bezeichnung für die Kontinente der Erde: Alte Welt (Europa, Afrika, Asien), Neue Welt (Nord- und Südamerika)*

Ctenocolletes smaragdinus

* engl.: Emerald Comb-Bearer („Smaragdfarbener Bürstenträger")

Gesammelt von Laurence Packer in Westaustralien

Als Vertreterin der einzigen weiteren Gattung der Stenotritidae-Familie und als einziges hellgrünes Mitglied dieser Familie ist diese Spezies besonders außergewöhnlich. Unter all ihren Verwandten ist sie die einzige mit metallisch schillerndem Körper – die übrigen tragen die weitaus typischere Mischung aus Schwarzschattierungen und Erdtönen. *Ctenocolletes*-Arten sind vorwiegend im Westen Australiens heimisch, wo sie zu Frühlingsbeginn ausschwärmen und auf Nahrungssuche gehen. Die Männchen zeigen ein ausgeprägtes Revierverhalten und bewachen Gruppen von blühenden Sträuchern und Kräutern. Anders als bei den meisten Bienenarten werden die Männchen während des Futterfluges von den Weibchen auf dem Rücken mitgetragen.

Diese Biene kann bemerkenswert schnell fliegen. Auf einer mehrtägigen Exkursion durch ein Gebiet, das geeignete Lebensbedingungen für diese Spezies bietet, begegneten Bienenforscher etwa einem Dutzend Einzelexemplaren. Sie schwangen ihre Netze nach den Tieren, konnten jedoch nur zwei Stück fangen. Es ist also wenig überraschend, dass der weltweite Bienenexperte Terry Houston nebenbei auch noch ein flinker Tennisspieler ist (die Schlagtechnik beim Spielen des Tennisballs ähnelt der Netzbewegung, die zum Fangen von Bienen erforderlich ist). Es ist immer schön, wenn man Arbeit und Vergnügen miteinander verbinden kann.

Chrysocolletes-Art

* engl.: Wavy-Haired Goldilocks („Goldlöckchen")

Gesammelt von Laurence Packer in Northern Territoriy (Nordterritorium, Australien)

Dies ist eine weitere Bienengattung, die ausschließlich in Australien zu finden ist. Fünf ihrer Arten sind bekannt, wobei drei davon bislang nur durch ihre Männchen identifiziert sind, weil noch kein Weibchen gefangen werden konnte. Diese Gattungsgruppe ist ein gutes Beispiel für eine Reihe von Bienen, die seit mehreren Hunderttausend Jahren auf unserem Planeten leben, jedoch nur sehr schwer erfassbar sind und von der wir nicht genau sagen können, welche Rolle sie im Bestäubungsgefüge der australischen Pflanzenwelt spielt. Auch in Erste-Welt-Ländern wie Australien sind die Bemühungen um die Dokumentation der Bienenarten und deren Verbreitung noch lange nicht abgeschlossen. Ornithologen beispielsweise sind uns mit der Erforschung der Vögel gut hundert Jahre voraus.

Diese *Chrysocolletes*-Art hat ein nach oben hin erhöhtes Haupt mit ungewöhnlich borstigen Haaren. Bei vielen Bienenarten dient der merkwürdig veränderte Haarwuchs an Kopf und Gesicht dazu, das Einsammeln von Blütenstaub zu erleichtern.

Euryglossidia-Art

* engl.: Pinnochio Euryglossidia („Breitlippiger Pinnochio“)

Gesammelt von Laurence Packer in Westaustralien

Diese noch nicht genau bestimmte Art wurde nach einem besonders ausgiebigen Winterregen im Westen Australiens gefunden. Sie besitzt eine ungewöhnlich zugespitzte „Nase“, deren Nutzen jedoch in Anbetracht der Blüten, die diese Biene ansteuert, fraglich bleibt. Man würde meinen, sie benötige keinerlei spitzes Werkzeug zum Öffnen und vollständigen Entnehmen des Pollens und Nektars jener Blüten, auf denen sie gefunden wurde. Allerdings besuchen Bienen auf Nahrungssuche häufig mehrere verschiedene Blütenarten, und da wir nur wenig über diese neue Spezies wissen, können wir nicht ausschließen, dass ihre „Nase“ ein Hilfswerkzeug zum Sammeln von Pollen und Nektar ist. Möglich wäre auch, dass sie den spitzen Fortsatz bei der Nestpflege einsetzt. Für diese Annahme spricht ihre Zugehörigkeit zur Unterfamilie der Colletinae, die ihre Brutzellen mit einem cellophanartigen Drüsensekret beschichten. Bevor diese *Euryglossidia*-Art auf Nahrungssuche geht, könnte sie die Brutzellen verschließen, um unerwünschte Eindringlinge fernzuhalten. Nach ihrer Rückkehr würde sie die Zellen mit ihrem spitzen Gesicht dann wieder öffnen.

Phenacolletes mimus

* engl.: Australian Shorthair („Australische Kurzhaarbiene")

Gesammelt von Laurence Packer in Westaustralien

In den trockenen, dünn besiedelten Gebieten Westaustraliens ist die *Phenacolletes mimus* beheimatet. Sie zählt zu den pollensammelnden Arten, besitzt jedoch recht kurze Härchen und sieht daher einigen der kleinen, korpulenten, wespenartigen Verwandten der Bienen sehr ähnlich. Diese Spezies scheint nur den Pollen der runden hibiskusähnlichen Blüten einer in Australien endemischen[6] Pflanze namens *Alyogyne* zu sammeln. Man gewinnt den Eindruck, die Männchen verbringen fast ihr ganzes Erwachsenenleben auf diesen Blüten und paaren sich mit jedem beliebigen vorbeifliegenden Weibchen. Auf nahezu jedem Strauch, der während einer kürzlich durchgeführten Expedition untersucht wurde, fand man selbst in den Städten einige Exemplare dieser Bienenart. Jeder Strauch produziert unzählige Blüten und jede Blüte ist vollgepackt mit Pollen, deshalb würde auch eine kleine Pflanze ausreichend Nahrung bereithalten, um ihr eigenes Bienenvolk zu versorgen.

[6] *nur dort heimischen*

Paracolletes-Art

* engl.: On-and-Off Bee („Flinker Flieger")

Gesammelt von Laurence Packer in Westaustralien

Bei dieser Spezies ist ein ungewöhnlich starker Geschlechtsdimorphismus[7] in der Körperfarbe zu erkennen: Die Männchen sind recht hell, wie man hier sehen kann, während die Weibchen sozusagen die „Standardvariante" der Bienenfarben aufweisen – einen braungrauen Kopf und Brustteil und einen schwarzen Hinterleib mit weißen querliegenden Haarbinden. Diese Bienen sind sehr rasante Flieger. Eine Schar Männchen konnte abgefangen werden, als sie gerade mit hoher Geschwindigkeit zwischen den wunderschönen Blüten der *Grevillea* in Westaustralien umherschwirrte. Diese Blüten sind dermaßen reich an Nektar, dass das Fangnetz schon nach einigen Versuchen verklebt war. Die Männchen befanden sich auf der Suche nach den viel seltener vorkommenden Weibchen – tatsächlich konnten nur zwei weibliche Exemplare gefangen werden, wobei zur Beschämung eines der Wissenschaftler ein Weibchen wieder entkommen konnte, nachdem es ihn gestochen hatte.

[7] *Unterschiede zwischen männlichen und weiblichen Individuen*

Brachyhesma-Art

* engl.: Australian Minute Baldy („Kahlköpfige australische Mini-Biene")

Gesammelt von K. Walker in Australien

Bis vor nicht allzu langer Zeit lagen das Arbeitsgebiet der Taxonomie und demnach auch das Erstellen eines Klassifizierungssystems für Bienen fest in Männerhand. Eine Verschiebung dieses Ungleichgewichts ist in manchen Ländern bereits spürbar, doch es besteht zweifellos noch ein großer Aufholbedarf. Unter den wenigen Frauen, die sich in der Frühgeschichte der Taxonomie einen Namen gemacht haben, ist die Australierin Elizabeth Exley. Sie beschrieb mehr als 200 Bienenarten und entwickelte ein derart starkes Interesse, dass sie noch nach ihrer Pensionierung ihre Arbeit fortsetzte.

Die *Brachyhesma* sind Winzlinge. Einige werden nur zwei Millimeter groß; sie alle verfügen über ein blasses, gelblich gefärbtes Integument[8] über ihrem Außenskelett. Als ihre Hauptnahrungsquelle gelten die vielen verschiedenen australischen Myrtengewächse, allen voran der Eukalyptus. Mit einem Fangnetz mit besonders langem Stiel kann man an einem Eukalyptusbaum Hunderte Exemplare aufgreifen. Die Evolution innerhalb der Colletidae-Familie in Australien ist an dieser Bienenart sehr gut erkennbar; einige Vertreter der Familie sind deutlich größer als Honigbienen, während andere gerade einmal zwei Millimeter messen.

[8] *Körperhaut*

Pachyprosopis cornuta

* engl.: Horned Baldy („Gehörnter Kahlkopf")

Gesammelt von Laurence Packer in Südaustralien

Dieses Exemplar hier gehört einer Unterfamilie von Bienen an, die nur auf dem australischen Kontinent und den nahegelegenen Inseln heimisch ist. Mindestens eine Spezies dieser Unterfamilie gelangte jedoch nach Afrika und hielt sich dort lange genug auf, um von Bienensammlern entdeckt zu werden. Der Sammler stellte sich auf das Dach eines Autos, als er dieses nackte Exemplar von einer Eukalyptusblüte holte (das ungewohnte Podest war notwendig, um die Blüten des hohen Baumes zu erreichen).

Die Weibchen der *Pachyprosopis cornuta* besitzen sonderbare, hornähnliche Fortsätze auf ihrem Haupt, die je nach Größe der Biene in Länge und Form variieren. Bei den kleinsten Weibchen sind die Hörner kurz und kegelförmig, bei den größten sind sie lang und gebogen. Wozu sie diese Fortsätze benötigen, ist unklar, doch für gewöhnlich haben Körpermerkmale, die bei größeren Individuen unverhältnismäßig groß sind, einen kämpferischen Nutzen.

Palaeorhiza-Art

* engl.: Masked Badass („Maskierter Rabauke")

Gesammelt in Papua-Neuguinea

Schlank, relativ unbehaart und gefährlich anmutend – die Ähnlichkeit zu ihren wespenartigen Vorfahren ist dieser *Palaeorhiza* anzusehen und das nicht zuletzt deswegen, weil sie den gesammelten Pollen und Nektar nicht wie andere Bienen im externen Haarkleid, sondern im Inneren ihres Körpers transportiert. Die größte Vielfalt an *Palaeorhiza*-Bienen ist auf der Insel Neuguinea zu finden. In den vergangenen Jahrzehnten wurden auf Neuguinea und den umliegenden Inseln zahlreiche neue, farbenfrohe und oftmals schier atemberaubende Arten beschrieben und es werden wohl noch viele weitere folgen.

Man weiß nur wenig darüber, wo sie nisten, welche Blüten sie besuchen und wie sie ihr Revier unter all den Arten aufteilen. Ein kleines Detail sticht jedoch hervor: die Zunge der Männchen ist lange und spitz, während die Weibchen und andere Vertreter der Colletidae Familie eine kurze, gelappte Zunge mit abgeflachtem Ende besitzen. Dies mag bei oberflächlicher Betrachtung nicht sonderlich wichtig und mitunter auch gar nicht so interessant erscheinen, doch die Zungenform gibt Aufschluss über die Verwendung der Blüte und ist aller Wahrscheinlichkeit nach in Übereinstimmung mit der Blütenform gewachsen. Die Zunge ist zudem eines der Merkmale, die für die Unterscheidung der Bienenfamilien herangezogen werden. Besagte Auffälligkeit bei den Männchen dieser Spezies war ausschlaggebend für neue Hypothesen und wissenschaftliche Abhandlungen auf dem Gebiet der Bienenforschung. Die jüngsten Ausführungen sind wohl nur für eine Handvoll Bienenforscher von Interesse, einen ähnlich überschaubaren Interessentenkreis erreichen aber auch die Argumente für die Verwendung von Kolinsky-Rotmarderpinseln aus dem Winterfell der sibirischen Feuerwiesel innerhalb der Berufsgruppe der Maler oder das Nachgießen von Gleitlagern aus Lagermetall unter jenen, die sich mit der Reparatur alter schwerer Maschinen befassen. Die Fachsimpelei ist fester Bestandteil eines jeden Hobbys, Handwerks oder wissenschaftlichen Tätigkeitszweiges.

Lipotriches-Art

engl.: Plain Nomiine (aus der Familie der Nomiinae)

Gesammelt von Laurence Packer in Australien

Sie zählt zu jenen Bienenarten, deren Männchen dafür bekannt sind, Schlafgemeinschaften zu bilden. Dutzende Männchen drängen sich in Kleingruppen spätnachmittags auf einem Ast zusammen und bleiben bis zur Morgendämmerung dort. Ein Gerangel um die besten Plätze ist dabei keine Seltenheit; wenn einer dem anderen zu nahe rückt, bekommt er das niederschwellig aggressive Verhalten seines Nachbarn zu spüren. In einem solchen Bienenhaufen lassen sich mitunter mehr als eine Bienenart entdecken. Der Grund für die Gemeinschaftsbildung ist nur wenig erforscht, doch das erhöhte Sicherheitsgefühl in der Gruppe könnte hierbei eine Rolle spielen.

Exoneura-Art

engl.: Two-Tone Reed Dweller („Zweitöniger Schilfbewohner")

Gesammelt in Australien

Die Gattung der *Exoneura* gibt es nur auf dem australischen Kontinent und es ist sehr wahrscheinlich, dass die meisten der 41 *Exoneura*-Arten ihre Nester in markhaltigen Pflanzenstängeln bauen, ähnlich wie die Keulhornbienen (*Ceratina*). Ihre Brutpflege gilt als einzigartig: anstelle einzelner Brutzellen bauen sie eine gemeinsame „Kinderkrippe" für ihren Nachwuchs, ganz ohne Zwischenwände. Sie schaben das Mark aus dem Stängel, füllen ihn mit einem Vorrat an Pollen und Nektar und legen dann über einen längeren Zeitraum hinweg ihre Eier ab. So kann es passieren, dass innerhalb eines Nestes Jungbienen in allen Entwicklungsstadien zusammenleben – vom Ei bis zur ausgewachsenen Biene, manchmal sogar mit mehreren adulten Bienen. Alle weiblichen Verwandten einer Gruppe sind fortpflanzungsfähig, doch sehr oft legt nur das dominante Weibchen die Eier. Es ist in der Lage, Pheromone[9] zu produzieren, die die Entwicklung der Eierstöcke subdominanter Weibchen verhindern.

Die Haushaltsführung dieser Bienen ist komplex, aber flexibel, sodass sich die Arbeiten innerhalb der Kolonie und die Fortpflanzungsrate je nach Jahreszeit und Verfügbarkeit von Pollen und Nektar ändern können. Vermutlich ist das Zusammenleben der Larven in der Nisthöhle der Grund dafür, dass ihre Morphologie[10] wandelbarer und vielschichtiger ist als die der Larven anderer Bienenarten, die in Einzelkammern aufgezogen werden. Die meisten Bienenlarven sind einfache Raupen ohne Beine und großteils haarlos. Junge *Exoneura* hingegen besitzen oft fleischige Segmentlappen und eine originelle Körperbehaarung. Einige sehen sogar so aus, als hätten sie eine Pilzkopf-Frisur, was sie definitiv zu den Beatles der Bienenwelt macht.

[9] *chemische Botenstoffe, die der Kommunikation zwischen den Insekten dienen*
[10] *Gestalt, Form und Struktur*

Euryglossidia leyburnensis

* engl.: Cylindrical Perplexing Baldy („Verblüffender zylindrischer Kahlkopf“)

Gesammelt von K. Walker in Australien

Sieht so eine Biene aus? Wohl eher nicht. Und auch so mancher Apidologe (so nennen sich jene unter uns, die nicht Klempner oder Präsident geworden sind, sondern sich der Erforschung der Bienen widmen) ließ sich von der *Euryglossidia leyburnensis* in die Irre führen. Aber warum sieht sie so anders auch? Erstens nistet sie in kleinen Löchern im Holz, die von Käfern gebaut wurden. Das Holz seitlich der Löcher ist hart und gibt nicht nach, wenn die Biene darin Platz sucht, daher erleichtert ihr schlanker zylindrischer Körper den Nestbau. Zweitens ist sie sehr klein für eine Biene. Und drittens gehört sie zu jenen Bienenarten, die gemeinhin als Kropfsammler bezeichnet werden und ihr Futter im Verdauungstrakt zurück zum Nest tragen. Sie benötigt also kein spezielles Haarkleid, wie es andere Bienen für den Pollentransport nutzen, sondern ist nahezu unbehaart, was zu ihrem für Bienen untypischen Erscheinungsbild beiträgt. Die Natur hat eben Sinn für Humor – Apidologen übrigens auch.

AFRIKA

Thyreus-Art

Fleckenbiene
engl.: Neon Cuckoo („Neonfarbene Kuckucksbiene")

Gesammelt in Äthiopien

In einem Familiengefüge, in dem optische Ähnlichkeiten die Verwandten verbinden, wird es immer wieder Mitglieder geben, die durch ihre Andersartigkeit hervorstechen. Ein deutliches Gattungsmerkmal der Fleckenbienen (107 Arten wurden bereits beschrieben) sind ihre leuchtstoffblauen Haarflecken. Unter den Verwandten reicht der blaue Farbton von einem prächtigen, satten Dunkelblau über ein helles Eischalen-Blau bis hin zu einem blanken Weiß am anderen Ende des Farbspektrums. Die weißhaarigen Mitglieder gleichen den blauen Fleckenbienen in allen körperlichen Eigenschaften. Die Bestimmungsschlüssel zur Identifizierung der zugehörigen Arten basieren meist auf den leicht unterschiedlichen Blauschattierungen sowie der Anzahl und dem Formendetail der Flecken. Doch leider bleibt die Haarfarbe nicht ein Bienenleben lang erhalten; mit zunehmendem Alter der Biene verliert ihr Haar an Farbe und beginnt auszufallen, gleich wie bei uns Menschen. Bestimmungsschlüssel für diese Bienenfamilie gibt es, doch man sollte sich nicht zu sehr drauf verlassen.

Die hier gezeigte *Thyreus*-Art wurde in den 1970er-Jahren von einem unbekannten Sammler in Äthiopien eingefangen. Sie befindet sich im Naturhistorischen Museum der Smithsonian Institution und wird dort so lange in einer Lade für unidentifizierte Fleckenbienen verwahrt bleiben, bis das Jahrzehnt oder das Jahrhundert gekommen ist, in dem jemand ausreichend Expertenwissen über diese Gattung erworben hat. Die Taxonomie ist ein langwieriges Handwerk, doch wenn es gewissenhaft ausgeführt wird, sind die Ergebnisse von Dauer.

Pachyanthidium-Art

* engl.: Vectored Sputnik („Zielgesteuerte Sputnik")

Sammlerinformationen nicht verfügbar

„Pachy" ist der lateinische Ausdruck für „breit" und scheint als Vorsilbe für den wissenschaftlichen Namen dieser *Pachyanthidium*-Art vollkommen angemessen. Sie ist ein kompakter kleiner Klotz von einer Biene, nahezu so breit wie lang. Leider weiß man nur wenig über die 18 verschiedenen Arten dieser Gattung – ein Schicksal, das viele Bienen teilen. Zu finden ist diese *Pachyanthidium* am ehesten in Afrika, südlich der Sahara. Sie baut ihre Nester, ähnlich wie einige der ihr verwandten Bienenarten, für eine einzelne Brutzelle und befüllt diese mit Pollen und Nektar, den sie aus einer Mischung aus Harz und Pflanzenfasern herstellt. Als Nistplatz dienen die außenseitigen Wände von Hohlräumen und Felsen.

Megachile-Art

Blattschneiderbiene
engl.: White-Belted Resin Bee („Weiß begürtelte Harzbiene")
Gesammelt von Laurence Packer in Kenia

Bienen stellen eine breite Palette an Farbmustern zur Schau. Beim Anblick dieser Blattschneiderbiene möchte man meinen, sie aufgrund ihres markanten Musters leicht wiedererkennen zu können. Doch unglücklicherweise existieren zahlreiche nichtverwandte Bienenarten, die genau die gleiche schwarz-weiß-schwarze Färbung tragen. Wie ist das möglich? Die meisten Bienen stechen, und wenn Sie selbst schon einmal von einem hellen Insekt gestochen wurden, werden Sie vermutlich versuchen, keinem ähnlich aussehenden Tier mehr zu nahe zu kommen. Vielleicht können Sie sich ausmalen, wie es für einen kleinen insektenfressenden Vogel sein muss, wenn er während der Suche nach Futter für seine Jungen beim Picken an einer Biene in seine Mundhöhle gestochen wird. Er wird wohl einige Zeit lang außer Gefecht gesetzt sein und sicherlich keine Insekten mit diesem Farbmuster mehr fangen wollen.

Der Vogel lernt, sich Farbmuster einzuprägen, die für ihn schmerzvoll waren. Für die verschiedenen Stechbienenarten, die alle im gleichen Lebensraum beheimatet sind, ist die farbliche Übereinstimmung ein großer Vorteil, denn so muss der Vogel nur eine ihrer Vertreterinnen kennenlernen, um die Warnsignale deuten zu können. Das verringert die Gesamtsterberate (oder zumindest die Anzahl der Schadensfälle) innerhalb der Bienenvölker nachhaltig. Die schwarz-weiß-schwarze Färbung ist deutlich erkennbar und leicht zu merken. Am Fundort dieses Exemplars gab es noch zahlreiche entfernt verwandte Arten zu entdecken, die ebenfalls der Gattung der Megachile angehören. Sie besaßen alle das gleiche Farbmuster und auch eine Holzbiene (ähnlich jener auf Seite 87) mit gleichem Muster war unter ihnen. Hier scheint das Sicherheitsgefühl in der Gruppe durch evolutionsbedingte Farbimitation ermöglicht worden zu sein.

Pachymelus bicolor

* engl.: Two-Tone Hoverbee („Zweitönige Schwebebiene")

Gesammelt von Laurence Packer in Madagaskar

Die *Pachymelus*-Arten und ihre Verwandten sind in ganz Afrika anzutreffen, doch die riesige *P. bicolor* hat sich besonders zahlreich auf dem Mini-Kontinent Madagaskar angesiedelt. Auf der Insel wurden bislang 220 verschiedene Bienenarten ermittelt, die sich auf eine Vielzahl von Gattungen aufteilen. *Pachymelus*-Bienen machen auf dem afrikanischen Festland nur einen winzigen Teil des Artenreichtums aus, doch auf Madagaskar werden sie in ihrer Anzahl nur von der auf der Insel endemischen Gattung der *Hasinamelissa* übertroffen.

Dieses Exemplar wurde auf einem Wanderpfad durch den berühmten Buschwald des Ranomafana-Nationalparks eingefangen. Die Gruppe von Männchen, die über ein nahes Gebüsch flog, war kaum zu überhören, wenn auch nicht ganz so leicht zu erblicken. Unter der Vielzahl an Männchen befand sich lediglich ein Weibchen. Doch das ist nicht weiter ungewöhnlich, wenn sich eine Gruppe paarungsfreudiger Männchen um ein Weibchen bemüht. Die Männchen verweilen den ganzen Tag am gleichen Ort und warten auf vorbeifliegende Weibchen, die dann nur kurz Halt machen und sich nach der Paarung wichtigeren Dingen zuwenden, wie etwa dem Nestbau oder einer erneuten Begattung durch den nächsten Auserwählten.

Epeolus-Art

Filzbiene
engl.: Caramel-Colored Colletes Cuckoo
(„Karamellfarbene Colletes-Kuckucksbiene“)

Gesammelt von Dino Martins in Kenia

So wie alle der über 100 *Epeolus*-Arten legt auch diese karamellfarbene Filzbiene aus Kenia ihre Eier unbeirrt in die Nester fremder Bienen aus der Gattung der Seidenbienen (*Colletes*). Die Seidenbienen-Weibchen beschichten ihre Brutzellen mit einer Doppelschicht eines selbsterzeugten cellophanähnlichen Materials, lassen das Nest jedoch noch unverschlossen, während sie sich auf Nahrungssuche begeben. In der Zwischenzeit gelingt es der *Epeolus*, ganz nach Manier einer Kuckucksbiene, ins offene Nest einzudringen, die erste Verschlussschicht mit den sägeförmigen Werkzeugen am Ende ihres Hinterleibs aufzuschneiden und ihr eigenes Ei zwischen den Cellophanschichten abzulegen, sodass nur noch die Spitze des Eies hervorragt. Wenn die Wirtin den lebenswichtigen Vorrat an Pollen und Nektar eingetragen hat, legt sie selbst ihr Ei und versiegelt die Brutzelle. Nach einigen Tagen schlüpfen beide Larven. Die junge Filzbiene ist mit gigantischen Säbeln am Oberkiefer ausgestattet und, nun ja, der Rest der Geschichte bleibt am besten der Fantasie überlassen.

Spatunomia filifera

* engl.: Semaphore Nomia („Signaltragende Schienenbiene“)

Gesammelt von Laurence Packer in Kenia

Die Fühlerenden der *Spatunomia filifera* sehen aus wie die Stopptafeln der Schülerlotsen oder die Einwinkstäbe, die Marshaller (Bodenlotsen) auf Flughäfen in Händen halten, um Flugzeuge in die vorgesehene Parkposition zu bringen. Möglicherweise ist das Hin- und Herbewegen der spachtelförmigen Fühlerenden Teil der Selbstinszenierung des Männchens, während es um ein Weibchen wirbt, oder vielleicht dirigiert es das Weibchen mit seinen „Fahnen“ an den Ort, an dem die Paarung vollzogen werden kann. Es ist bei Gott nicht einfach, derartige Sachverhalte in freier Natur zu untersuchen und wenn man die werten Bienen zur genaueren Beobachtung ins Labor bringt, sind sie oft sehr ungehalten. (Dieses Exemplar etwa wurde oberhalb eines mit Dornen übersäten Akazienstrauchs gefangen, der für den Bienenbeobachter nicht gerade der komfortabelste Aussichtsplatz ist.)

Die Artenbezeichnungen, auf die sich Forscher einigen, beschreiben die Bienen oftmals ganz deutlich. Diese Biene hat Verwandte aus der Gattung der *Nomia* und das letzte Glied ihrer Fühler ist breit und flach wie eine Spachtel, daher der Gattungsname *Spatunomia*. Es zählen zwei Arten zu dieser Gattung, wobei der lange fadenförmige Anhang der Spachtel nur bei einer Art vorhanden ist. Sie erhielt den Beinamen *filifera*. Der lateinische Name reicht beinahe aus, um diese Biene korrekt bestimmen zu können – wären da nicht die Weibchen, die diese ungewöhnlichen Fühler nicht besitzen.

Ctenoplectra-Art

* engl.: White-Footed Plectrum („Weißfüßiges Plektrum“)

Gesammelt von Laurence Packer in Kenia

Die weltweit vertretenen Bienenvölker bedienen sich ganz unterschiedlicher Techniken, um Blütenöle zu sammeln und sie als Larvennahrung zu verwenden. Wenn Bienen Pollen sammeln, schieben sie ihn oftmals zur Außenseite ihrer Hinterbeine, wo die Körner zwischen den Härchen in den Pollenkörbchen haften bleiben. Viele Bienenarten befolgen diese Standardvariante des Pollentransports. Diese Alte-Welt-Biene hier hat allerdings eine andere Erntevorrichtung entwickelt (die auch auf den Seiten 43, 60, 97, 113 und 130 zu sehen ist). Sie baut ihr Nest in Hohlräumen und besucht die Blüten der *Mormodica*, die sowohl Öl als auch Nektar bereithalten. Das Öl wird von der Blüte über Drüsenhaare auf die Blütenoberfläche abgegeben. Zum Absammeln benutzt die Biene ein Haarbüschel im hinteren unteren Bereich ihres Abdomens, das sie wie einen Wischmopp vor- und zurückbewegt und dabei die Öle aufsaugt. (Man darf davon ausgehen, dass dieses Haarbüschel schön gesund und kräftig ist, werden doch *Mormodica*-Öle von Menschen in einigen Teilen der Erde als Haarbalsam verwendet.) Anschließend streicht sie das Öl mit speziellen „Ölbürsten“ auf ihren Beinen weiter zur Rückseite der Hinterbeine. Dort befindet sich ein weicher filzartiger Saugpolster, in dem sie die Öle in ihr Nest trägt.

Megachile sicula

Mörtelbiene

Gesammelt in Marokko

Die Bienen dieser Alte-Welt-Gattung errichten ihre robusten Nester aus Erde oft direkt an den Wänden von Gebäuden oder als kleine, rundliche Lehmbauten zwischen engen Astgabelungen. Anders als ihre ähnlich aussehenden Cousinen, die Blattschneiderbienen, besitzen die Mandibeln[11] der Mörtelbienen keine scharfen Schnittränder zum Abschneiden von Blättern für den Nestbau, sondern sind schmäler geformt, um weiche Erde, Lehm und gelegentlich auch Harz zu bearbeiten. Die Nester der Mörtelbiene sind extrem widerstandsfähig. Vermutlich mischt sie Harz und Speichel unter das Baumaterial und erhöht so dessen Beständigkeit.

[11] *Mundwerkzeuge*

Pachyanthidium-Art

* engl.: Sawtooth Sputnik („Sägezahn-Sputnik")

Gesammelt von Laurence Packer in Kenia

Hier ist eine weitere beeindruckende *Pachyanthidium*-Art aus Afrika. Sie gehört aus taxonomischer Sicht dem Anthidiini-Tribus[12] an und ist, wie die anderen Mitglieder dieser Gruppe, mit charakteristischen Streifen und Flecken bedeckt, die in hellen gelben, weißen und roten Farben ihren breiten Körper zieren. Ihr Außenskelett ist zudem erstaunlich stark punktiert. Nur wenige Details aus der Lebensgeschichte dieser Gattung sind bekannt (auch die Identifizierung der hier gezeigten Spezies ist noch ausständig), doch von den 18 beschriebenen Arten weiß man, dass sie weitgehend südlich der Sahara in Afrika vorkommen und sich einige wenige von ihnen in Südostasien eingeschlichen haben. Ein ungewöhnliches Merkmal dieser *Pachyanthidium*-Art ist die Ausbildung von Dornen an den Seiten ihrer Hinterleibsegmente.

[12] *Tribus ist eine Rangstufe zwischen Unterfamile und Gattung*

Euaspis-Art

* engl.: Redtail Cuckoo („Rotschwänzige Kuckucksbiene“)

Gesammelt von Laurence Packer in Kenia

Hier haben wir eine weitere Biene, die in fremde Nester einfällt. Dabei geht sie jedoch nicht so vor wie die meisten Kuckucksbienen: Anstatt ihr Ei während der Abwesenheit der Wirtin in deren Brutzelle abzulegen, wartet die *Euaspis*, bis eine Steinbiene (*Lithurgus*) oder Blattschneiderbiene (*Megachile*) ihr Nest fertiggebaut und verschlossen hat. Dann bricht sie in das Nest ein, öffnet die Brutzellen und wirft alle vorhandenen Larven heraus. Intakte Wirtseier mit den noch ungeschlüpften Larven verspeist sie vermutlich. Nun legt die Kuckucksbiene in jede Zelle ein eigenes Ei und verschließt das Nest mit Harz und Pollen, ehe sie sich auf den Weg macht, um anderswo ihren Raubzug fortzusetzen.

Dieses Exemplar wurde eingefangen, als es an den Mauern der alten verlassen Stadt Gedi – einer arabisch-afrikanische Siedlung, die Anfang des 17. Jahrhunderts aufgegeben wurde – auf- und abflog. Es handelt sich um ein Weibchen, das im Mauerwerk nach Wirtsnestern zum Plündern suchte; genauso wie es ihre Vorfahren über Hunderte Generationen hinweg getan haben.

Amegilla atrocincta

Pelzbiene
engl.: Banded Flower-Lover
(„Gebänderte Blumenliebhaberin“)

Gesammelt von Laurence Packer in Südafrika

Die Pelzbienen sind eine sehr heterogene Gruppe, die in weiten Gebieten Australiens und der Alten Welt vorkommt. Asiatische und australische Arten neigen vermehrt zu blauen Haarbinden, während jene in den weiter westlich gelegenen Lebensräumen sehr oft gar keinen Blauschimmer aufweisen.

Unter den Pelzbienen ist die „Vibrationsbestäubung“ gängige Praxis; sie lassen ihre Flügel durch heftiges Schlagen vibrieren, nachdem sie auf einer Blüte gelandet sind. Aus diesem Grund gibt es Bemühungen herauszufinden, ob man sie auch als Bestäuber von Tomatenpflanzen in Regionen einsetzen kann, in denen es keine Hummeln gibt. In Europa, Nordamerika und Teilen Asiens werden Hummeln, die übrigens zur Familie der Echten Bienen zählen, mittlerweile häufig für diesen Zweck eingesetzt. Die Ansiedelung von Pelzbienen in Gebieten, in denen sie nicht heimisch waren, hat jedoch zu besorgniserregenden Feindseligkeiten mit anderen Bienenarten und zu einem Rückgang der mitunter ansässigen Hummelpopulation geführt. Tomaten zählen zu den wenigen Pflanzen, die auf Vibrationsbestäubung angewiesen sind. Ihre Pollen liegen tief in ihren Staubbeuteln verborgen und müssen mithilfe einer bestimmten Technik herausgerüttelt werden, um von Biene und Pflanze genutzt werden zu können. Erstaunlicherweise ist die Biene dem Menschen trotz seiner technischen Gewandtheit immer noch überlegen: Studien zeigen, dass Blüten, die von den Flügelschlägen der Insekten in Vibration gesetzt werden, höhere Erträge liefern als jene, die mechanisch gerüttelt wurden.

Serapista-Art

* engl.: Pillow Bee („Polsterbiene“)

Gesammelt von Laurence Packer in Südafrika

Die zebraartige Körperfärbung ist ein deutliches Erkennungsmerkmal dieser Biene. Die weißen Streifen entstehen durch eine Ansammlung lamellenartiger, leuchtend weißer Härchen, die bei starker Vergrößerung besonders schön aussehen. Zur Gattung der *Serapista* zählen vier Bienenarten, die nur in Afrika zu finden sind. Sie bauen ihre Nester aus lockeren, flauschigen Pflanzenfaserbüscheln oder aus Tierhaaren, die sie an Pflanzenstängel heften. Das gesamte Gebilde sieht dann in etwa wie eine Baumwollkapsel aus. Die Brutzellen entstehen im Inneren dieses flauschigen Balles, wo die Larven wie in einem Polster heranwachsen. Als im kenianischen Nationalmuseum aus dem Nest einer dieser Bienen die gesamte Brut geschlüpft ist, wurden kurzerhand alle Söhne und Töchter der armen Bienenmutter in die Museumssammlung aufgenommen.

Melanempis scoliiformis

* engl.: Bottle-Green Madagascan Cuckoo („Flaschengrüne Madagaskar-Kuckucksbiene")

Gesammelt von Laurence Packer in Madagaskar

Nahezu alle Bienen, die von der großen geographisch isolierten Insel Madagaskar stammen, sind dort endemisch und auf dem afrikanischen Festland nicht zu finden (wie im Grunde auch der Hauptanteil der Flora und restlichen Fauna der Insel). Als eine der zahlreichen endemischen Bienengattungen Madagaskars zählt die *Melanempis* fünf beschriebene Arten, von denen alle Kuckucksbienen sind. Die *M. scoliiformis* ist die größte unter ihnen und besitzt eine für Bienen ungewöhnliche Grünfärbung. Das metallisch schillernde Grün am Außenskelett der anderen Bienen in diesem Buch (auf den Seiten 9, 47, 53, 78, 110 und 137) wird ähnlich wie die Lichtbrechung durch ein Prisma wahrgenommen. Bei diesem Exemplar hingegen entsteht das Grün durch eine Farbmischung basierend auf Pigmenten. Eine vergleichbar dunkelgrüne Kutikula[13] findet sich auch bei einer Reihe von Wespen, verwunderlicherweise jedoch nur auf Madagaskar. Dies ist eine weitere sonderbare Eigenheit der Insel, für die wir keine Erklärung wissen.

[13] *Deckschicht des Außenskeletts*

Rediviva-Art

* engl.: Mother Longlegs („Mutter Langbein")

Gesammelt von H. Hollens und M. Kuhlmann in Südafrika

Diese Biene gebraucht ihre extrem langen Vorderbeine zum Sammeln von Blütenölen, die sie anstelle von Nektar als Nahrung für ihre Larven verwendet. Am Ende ihrer Beine befinden sich schwammartig behaarte Stellen. Während des Fluges faltet sie die Beine unter ihren Körper und streckt sie erst vor der Landung auf einer Blüte wieder aus. Diese Bewegung geschieht unbewusst und nahezu automatisch (wie wenn wir unsere Arme durch die Ärmel eines Pullovers strecken).

Es besteht ein enges evolutionäres Verhältnis zwischen den langbeinigen Bienen und ihren ölbildenden Wirtspflanzen. Blütenöle werden von der Pflanze mit hohem energetischem Aufwand gebildet und am Grund des Blütensporns gelagert. Die Länge des Blütensporns variiert je nach Pflanzenart. Bei kurzem Sporn ist das Öl von Bienen mit normaler Beinlänge erreichbar, doch diese Biene hier ist eindeutig zu Größerem berufen. Wer ihre Gattung über längere Zeit hin beobachtet, wird die gesamte Spannweite an Bein- und Spornlängen zu sehen bekommen. Dafür ist allerdings eine Reise nach Südafrika notwendig, denn die *Rediviva* sind nur dort beheimatet.

Meganomia binghami

* engl.: Binghams Giant („Riese von Bingham")

Gesammelt von Bryan Danforth in Südamerika

Die Männchen vieler Bienenarten besitzen eine Reihe von Merkmalen, die bei den Weibchen nicht zu finden sind. Das liegt daran, dass sich die Weibchen ganz gezielt auf Geschlechtspartner eingelassen haben, die ebendiese Merkmale besaßen. Man nennt dies sexuelle Selektion. Die Männchen der *Meganomia binghami* und ihrer nahen Verwandten zeigen exorbitante Veränderungen an den Beinen und der Körperunterseite – an jenen Stellen, die das Weibchen während der Paarung berühren. Sie haben sonderbare Verdickungen an Beinen und Brustkorb sowie Vorwölbungen am Hinterleib. Die *M. binghami* besitzt darüber hinaus einen quer verlaufenden Kamm mit steifen schwarzen Borstenhaaren an der Unterseite ihres Hinterleibes. Möglicherweise gefällt es den Weibchen, wenn der Partner ihr Haarkleid während der Paarung bürstet.

Diese Bienenart ist verwandt mit einer überschaubaren Gruppe besonders großer Bienen, die nur in Afrika und auf der arabischen Halbinsel vorkommen. Sie alle besitzen ein ausdrucksstarkes gelb-schwarzes Farbmuster.

SÜDAMERIKA

Exaerete frontalis

Orchideenbiene, Prachtbiene
engl.: Black-Winged Cuckoo Orchid Bee
(„Schwarzgeflügelte Kuckucks-Orchideenbiene“)

Gesammelt von Sam Droege in Guyana

Diese Biene begeistert nicht nur durch ihre spektakuläre Aufmachung in schillernd aufpoliertem Metallgrün, sondern auch durch ihre Körpermaße, mit denen sie den größten Bienen Nordamerikas um nichts nachsteht. Eine weitere Besonderheit dieser Art ist, dass sie kein Nest baut. Stattdessen öffnet sie die neu errichteten Nester anderer, genauso großer Orchideenbienen, die in den amerikanischen Tropen beheimatet sind, zerstört oder entfernt die darin befindlichen Eier und ersetzt sie durch ihre eigenen. Anschließend verschließt sie die Nestkammern wieder und fliegt weiter, um das nächste Nest zu parasitieren.

Die Männchen verhalten sich ähnlich wie die übrigen männlichen Orchideenbienen. Sie sammeln Duftstoffe von Orchideenblüten und anderen Gegenständen, die sie im Kronendach und im Dickicht des südamerikanischen Dschungels vorfinden und lagern die aufgenommenen Duftstoffe in länglichen Vertiefungen an ihren Hinterbeinen ein, vermutlich um Weibchen anzulocken. Über die tatsächliche Bedeutung dieser Duftstoffe für das Anwerben und Begatten der Weibchen weiß man bisweilen jedoch nur sehr wenig.

Euglossa-Art

Orchideenbiene, Prachtbiene

Gesammelt von Sam Droege in Guyana

Die 132 Arten der Orchideenbienen-Gattung *Euglossa* schillern in beinahe allen Farben des Regenbogens. Sie sind die farbenprächtigsten unter den Bienen und schwirren mit Glanz und Gloria durch den tropischen Dschungel der westlichen Erdhalbkugel. Passend zum prunkvollen Erscheinungsbild dieser Bienen präsentieren sich die aufwändig schön geformten Blüten der Orchideengewächse, auf denen sich die Männchen niederlassen, um Pflanzendüfte zu sammeln. Die aromatischen Verbindungen werden von den Männchen in den Hinterbeinen eingelagert, wo sie als Lockstoff für das Anwerben von Weibchen dienen. Die Orchidee wiederum profitiert vom Besuch der Männchen, indem sie ihre beiden mit Pollen befüllten Staubbeutel auf deren Rücken heftet. Mit der Biene gelangt der Blütenstaub zur nächsten Orchideenblüte. Die Position, Größe und Form der Pollenkörner auf dem Rücken der Biene sind so ausgelegt, dass der Pollen auf der Narbe der Empfängerblüte zu liegen kommt und die Bestäubung vollzogen werden kann.

Arhysosage flava

* engl.: Yellow Cactus Lover („Gelbe Kaktusliebhaberin“)

Sammlerinformationen nicht verfügbar

Dieses kleine neongelbe Bienenmännchen besitzt einen ungewöhnlich breiten Kopf. Eine derart auffällige Abweichung von der normalen Körperform tritt nicht ohne Grund auf. In diesem Fall liegt die Ursache am Paarungsverhalten der Biene. Das Männchen hockt sich geduldig auf eine Kakteenblüte und wartet, bis ein Weibchen vorbeigeflogen kommt. Seine Strategie ist äußerst effektiv, besuchen die Weibchen dieser Spezies doch hauptsächlich (und vielleicht sogar ausschließlich) Kakteengewächse, um Pollen und Nektar für ihre Nester zu sammeln und sich dabei gelegentlich auch selbst einen Schluck zu genehmigen. Bei ihrer Landung kommt das Weibchen gezwungenermaßen auf dem Männchen zu stehen, denn sein großer Kopf ist Teil der Landebahn. Jetzt reagiert das Männchen blitzschnell, umfasst das Weibchen an der Taille und beginnt den Paarungsvollzug.

Es handelt sich um eine kleine Gattung mit nur acht Bienenarten, die ausschließlich in Südamerika südlich des Äquators vorkommen. Diese wenig erforschte farbenfrohe Spezies wurde im großteils unbesiedelten Gebiet des Gran Chaco in Paraguay gefunden, wo sie und einige andere Bienenarten auf den nächsten Sammler oder Taxonomen warten, der mehr über sie herausfinden möchte.

Lonchopria similis

* engl.: Look-Alike Lonchopria („Ebenbild der Lonchopria“)

Gesammelt von Laurence Packer in Chile

Die trockenen Regionen Südamerikas sind der bevorzugte Lebensraum eines Großteils der 17 bekannten *Lonchopria*-Arten. Diese *L. similis* wurde im Wüstengebiet an der Küste Chiles eingefangen und gehört einer Untergattung der *Lonchopria* an, die in ihrem Paarungsverhalten eine ganz besondere Eigenheit an den Tag legt. Während der Begattung krallen sich die Männchen mit ihren Oberkiefern am Hinterleib der Weibchen fest und bleiben viel länger mit der Partnerin vereint, als es bei Bienen normalerweise der Fall ist. Die Männchen der verschiedenen Spezies besitzen unterschiedlich geformte Oberkieferenden, die sie in den dazu passenden Einkerbungen am Hinterleib der Weibchen verankern. Bei der *L. similis* ist am unteren Rand des Mandibelpaares jeweils eine nach unten gerichtete Zacke zu erkennen; wenn das Männchen sein Kiefer schließt, bilden die Zacken eine Art Käfig, ähnlich einem Crocket-Tor.

Das Beiwort „*similis*“ wurde treffend gewählt, denn genetische Befunde deuten darauf hin, dass es zwei *Lonchopria*-Arten gibt, die einander stark ähneln. Also haben wir uns die Mandibeln dieser Männchen genauer angesehen und konnten feststellen, dass die Enden am Oberkiefer bei einer Spezies nach oben gebogen und bei der anderen komplett gerade sind. Um zu klären, welche der beiden Formen dem Original entspricht, müsste das allererste beschriebene Exemplar dieser Gattung ausfindig gemacht und begutachtet werden.

Eufriesea pulchra

Orchideenbiene, Prachtbiene

engl.: Beautiful Orchid Bee („Schöne Orchideenbiene)

Gesammelt von Sam Droege in Guyana

Die *Eufriesea* ist eine Orchideenbienengattung, die man in freier Natur nur selten zu Gesicht bekommt. Viele ihrer Arten, darunter auch die *E. pulchra*, präsentieren sich in einer Kombination aus dunklen und leuchtenden Körperfarben mit einigen metallisch glänzenden Farbflecken im Gesicht. Man findet sie am ehesten in den feuchten Tropenwäldern Südamerikas. Die Weibchen füllen ihre Nester mit Brutzellen aus Harz und Baumrinde aus. Sie suchen sich dafür hohle Baumstämme oder andere geschützte Orte, die es ihnen ermöglichen, die Zellen wie Fässer übereinanderzustapeln. Bei den meisten Orchideenbienen-Arten sind die Männchen in der Überzahl, was sich auch in den jüngsten wissenschaftlichen Bienensammlungen niederschlägt. Die Männchen sammeln Duftstoffe aus Orchideenblüten, um sie beim Anwerben von Weibchen einzusetzen. Aber auch die Männchen selbst fühlen sich zu den Pflanzendüften hingezogen; genau genommen sind es die einzelnen chemischen Inhaltsstoffe der aromatischen Verbindungen, die von den Bienen als besonders wohlriechend empfunden werden. Wissenschaftler machen sich dies bei der Erforschung der Orchideenbienen zunutze, indem sie die Lockstoffe auf Papiertüchern oder Schwämmen verteilen und an Bäumen im Tropenwald aushängen. Viele der chemischen Stoffe, die dazu verwendet werden, haben einen intensiven Geruch und einen ziemlich ausgefallenen Namen – Skatol beispielsweise. Es ist maßgeblich verantwortlich für den Geruch von Fäkalien und wurde vom griechischen Wort für „Kot" abgeleitet. Wenn Sie auf Exkursion zum Bienenbeobachten ein Fläschchen davon mit im Gepäck tragen, würden Sie bestimmt nicht wollen, dass das Gefäß zu Bruch geht.

Notoxaea ferruginea

* engl.: Blood-Colored Mimic („Blutrote Nachahmerin")

Gesammelt von Laurence Packer in Argentinien

Der erste Blick ist manchmal trügerisch. Hier haben wir eine Biene, die im Laufe ihrer Entwicklungsgeschichte ihre Fähigkeit zu stechen verloren hat. Dennoch gelingt es ihr, den abhanden gekommenen Schutzmechanismus zu einem gewissen Grad aufrecht zu erhalten, indem sie die Körpergröße, Form und Farbe einer anderen Gattung (*Centris*) annimmt, die für ihre kräftigen, schmerzhaften Stiche bekannt ist. Imitationen dieser Art sind in der Pflanzen- und Tierwelt keine Seltenheit. Die Nachahmer sind dabei fast immer in der Unterzahl, so auch in diesem Fall, wo die *Notoxaea ferruginea* als alleinige Vertreterin ihrer Gattung die artenreichen *Centris* imitiert. Auf Exkursion in einem Gebiet, in dem ungewöhnlich viele *Notoxaea*-Bienen unterwegs sind, fing Laurence ein paar Exemplare ein und untersuchte sie ohne große Vorsicht – bis ihm eine *Centris* ins Netz ging, die einen brennenden „Willkommensgruß" auf seinem Finger hinterließ.

Alocandrena porteri

* engl.: Porter's Peruvian Bee („Peruanische Gepäckträger-Biene")

Sammlerinformationen nicht verfügbar

Als Bestäuberin wildwüchsiger Tomatenpflanzen bringt sich diese Biene über den Blüten der Tomate in Position und versetzt sie durch Vibration ihrer Flügelmuskeln in Schwingung. Die Pollen der Tomatenblüten liegen in röhrenförmigen Staubbeuteln verborgen und werden von der Pflanze freigegeben, sobald der Flügelschlag die richtige Frequenz erreicht hat (der Mechanismus ist vergleichbar mit dem Herausschütteln von Salz aus einem Salzstreuer). Der Blütenstaub fällt auf den behaarten Körper der *A. porteri*, die ihn dann mit den Bürsten an ihren vorderen und mittleren Beinpaaren auf ihre Hinterbeine streift und zu ihrem Nest transportiert. Dabei gelangen unweigerlich ein paar Pollenkörner auf den Stempel der Blüte, wo die Bestäubung der Tomatenpflanze stattfindet.

Die *A. porteri* ist die einzige Vertreterin ihrer Gattung und ausschließlich in den Gebirgsausläufern der peruanischen Anden zu finden. Ihre Weibchen erreichen in etwa die Größe einer kleinen Honigbiene und besitzen einen kaum sichtbaren Stachel. Der einstige Stachelfortsatz hat sich über Jahrhunderte hinweg so weit zurückentwickelt, dass er nicht mehr funktionsfähig ist. Das Weibchen ist somit vollkommen ungefährlich.

Coelioxys cayennensis

Kegelbiene
engl.: Cayenne Coelioxys („Cayenne Coelioxys“)

Gesammelt von Natalia Veiga

Diese hübsche Biene, umhüllt von einem dezent gemusterten, dichten Pelz aus winzigen Härchen, dringt in die Nester von Blattschneiderbienen ein und platziert ihr Ei zwischen den Wänden des Wirtsnestes. Nachdem die Kegelbienenlarve geschlüpft ist, verhärtet sich der Kopfteil der Larve während der zweiten und dritten Wachstumsphase und es kommt zur Ausbildung riesiger spitzer Kiefer. Diese potenten Mundwerkzeuge dienen der jungen Coelioxys mit großer Gewissheit dazu, die Larven der Wirtin zu eliminieren, um sich danach an deren Futtervorräten bedienen zu können. Wie für Solitärbienen üblich, verpuppt sich die Kegelbienenlarve nach der Nahrungsaufnahme im Nest der Wirtin und schlüpft erst im Folgejahr, wenn es Zeit wird, das Nest zu verlassen und selbst für Nachwuchs zu sorgen. Das Exemplar im Bild stammt aus Südamerika. Weltweit gibt es 474 Kegelbienenarten, von denen jedoch nur die wenigsten näher erforscht sind.

Ancyloscelis ursinus

* engl.: Atlas Morning Glory Bee („Kräftige Hechtkraut-Biene")

Gesammelt von Erin Willis in Paraguay

Diese Bienen nisten in locker geschichteten Sandbänken, oft in Gemeinschaft mit ähnlich großen Bienenkolonien aus der Gattung *Melitoma*. Der überwiegende Teil der etwa 20 *Ancyloscelis*-Arten sammelt seinen Pollen- und Nektarvorrat fast ausschließlich in den Blüten der Prunkwinden (wie die Bienen aus der Gattung *Melitoma* übrigens auch). Von dort tragen sie ihn in ihre unterirdischen Nester und mischen daraus eine nahrhafte Pollenkugel für jede ihrer kleinen Brutzellen. Dann legen sie in jede Zelle ein Ei und verschließen den Nesteingang. Um an den Pollen und vor allem auch an den Nektar in den langen Blütenkronen der Prunkwinden heranzukommen, haben diese Bienen sehr lange Zungen entwickelt. Einige *Ancyloscelis*-Arten verfügen zusätzlich über kleine Häkchen an der Zungenspitze, die es ihnen ermöglichen, den besonders gut versteckten Pollen des Herzblättrigen Hechtkrauts einzusammeln.

Der Lebensraum der *A. ursinus* erstreckt sich vom Südwesten der USA über Mexiko und Zentralamerika bis nach Argentinien. Wozu die Männchen ihre deutlich vergrößerten Oberschenkel einsetzen, ist unklar. Es darf jedoch vermutet werden, dass die Weibchen auf das Erscheinungsbild eines Muskelprotzes eher ansprechen als auf das eines mageren Schwächlings.

Psaenythia-Art

* engl.: Paraguayan Bighead („Paraguayischer Großkopf")

Gesammelt von Erin Willis in Paraguay

Die wespenförmigen Bienen der Gattung *Psaenythia* sind in Südamerika beheimatet. Sie leben vor allem in den Gebieten südlich des Amazonasbeckens, wo im Laufe der Zeit mindestens 72 verschiedene Arten aus dieser Gattung hervorgegangen sind. Das Bild hier zeigt ein Weibchen mit ziemlich großem Kopf. Der Kopf der Männchen dieser unbekannten Spezies ist sogar noch etwas größer und scheint eine besondere Rolle im Wettstreit um neu geschlüpfte jungfräuliche Weibchen zu spielen. Im Kopf befinden sich kräftige Muskeln, die die Mundwerkzeuge steuern; ein breiterer Abstand zwischen den Mandibeln und den großen Kiefermuskeln macht ein großes Männchen zu einem überragenden Gegner. Kleinere Männchen mit schwächerem Biss nutzen ihre Paarungsgelegenheit dort, wo man sie lässt. Sie haben vermutlich mehr Erfolg, wenn sie Gruppen von Blütenpflanzen ausspähen, um dort nahrungssuchende Weibchen abzufangen.

Caenonomada unicalcarata

* engl.: Listrado Amarelo („Gelb gestreifte Biene“)

Gesammelt von Erin Willis in Paraguay

Hier ist eine weitere Biene, die lieber Blütenöle sammelt als Nektar. Sie wurde in Paraguay eingefangen und ist in weiten Teilen der südamerikanischen Tropen verbreitet. Die *C. unicalcarata* hat zwei Schwestertaxa, die wie sie zur Gattung der *Caenonomada* zählen. Sie ist gewiss nicht die einzige gelb gestreifte Biene, doch nur bei wenigen Arten sind die Streifen so zahlreich wie bei der *C. unicalcarata*. Die speziellen Härchen an der Außenseite ihrer Vorderbeine deuten darauf hin, dass diese Bienenart bevorzugt ölproduzierende Pflanzen besucht. Diese Vermutung wurde unlängst von zwei brasilianischen Apidologen bestätigt, die sich die Zeit nahmen, die Biene auf ihrer Nahrungssuche zu beobachten, die besuchten Pflanzenarten zu notieren und den Pollen auf den Beinen der Biene zu untersuchen. Dabei stellten sie fest, dass die *C. unicalcarata* (und sehr wahrscheinlich auch ihre beiden Schwestertaxa) vorwiegend Öle der *Angelonia* sammelt. Diese Pflanze aus der Familie der Wegerichgewächse besitzt kleine Öldrüsen in ihren Blüten, die sie dazu einsetzt, ebendiese Bienen als Bestäuber anzulocken.

Trichothurgus dubius

* engl.: Spurred Grappler („Gespornter Greifer")

Gesammelt von Gail Fraser in Chile

Groß, haarig und pechschwarz mit einem Umhang aus weißen Härchen am Rücken präsentiert sich die *Trichothurgus dubius* ihrem Sammler. Man kann sie und ihre 13 Artverwandten fast entlang der gesamten Westküste Südamerikas vorfinden. In den trockenen Gebieten am Rande der Gebirgsketten füllen die meisten Bienen dieser Gattung ihre Brutzellen mit Kaktuspollen auf. Die Nester der *T. dubius* liegen im weichen Inneren der Kakteengewächse und werden vermutlich von ihren Nachkommen weiterverwendet. So entstehen im Laufe der Zeit immer neue Seitengänge, die das Nest mit dem Bienenvolk wachsen lassen. Ebenfalls geeignet für den Nestbau der *Trichothurgus* und anderer ihr verwandter Gattungen ist das weiche Mark von Gehölzen, in das die Bienen über Bruchstellen, Spechtschäden oder andere Öffnungen Zutritt finden. Eine verwandte Spezies (*T. bolitophilus*) im argentinischen Teil Patagoniens baut ihre Nester in ausgetrockneten Pferdeäpfeln. Da es ursprünglich keine Pferde in dieser Region gab und die dort beheimateten Pflanzenfresser nur kleine Kotpillen ausscheiden (zu klein, um darin mehr als eine oder zwei Brutzellen zu errichten), stellt sich die Frage, wo diese Bienen vor der Kolonialisierung durch die westliche Zivilisation ihren Nistplatz fanden.

Werfen Sie einen Blick auf die bedrohlich anmutenden, hakenförmigen Greifsporen dieses Männchens. Es setzt sie wohl dazu ein, das Weibchen während der Paarung unter Kontrolle zu halten.

Acanthopus excellens

* engl.: Wonderful Blue Invader („Wunderbarer blauer Eindringling“)

Gesammelt von B. A. Ribeiro in Brasilien

Der charakteristische blaue Glanz der *Acanthopus excellens* wird nicht, wie bei anderen blauen Bienen, von der Haut an ihrem Außenskelett erzeugt (diese ist nämlich schwarz), sondern von ihren langen, dunkelblau schimmernden Körperhaaren. Diese Biene mit Übergröße ist nur eine von vielen Kuckucksbienen (siehe Seiten 30, 41, 78, 83, 101, 121 und 147), die gemeinsam etwa 20 Prozent aller weltweit vorhandenen Bienenarten ausmachen. Die *A. excellens* schleust ihre Eier in die Brutzellen großer *Centris*-Bienen ein. Sie überfällt vor allem jene *Centris*-Arten, die sich in den Baumnestern von Termiten eingenistet haben. Baumtermiten bauen runde basketballgroße Nester aus zerkauten Holzfasern, Speichel und Kot, in deren unbewohnten Teilen die Centris ideale Nistbedingungen vorfinden. Auf ihrem Plünderungszug eliminiert die *A. excellens* die Brut und alle jungen Nachfahren der Wirtin und legt ihre eigenen Eier im Nest ab. Haben Sie die ausgefransten Flügel der *A. excellens* bemerkt? Sie sind ein Anzeichen dafür, dass die Biene am Ende ihrer Lebenszeit angekommen war, als sie eingefangen wurde.

Hypanthidioides arenaria

* engl.: U-Faced Resin Bee („Harzbiene mit Halbmondgesicht“)

Gesammelt in Brasilien

Viele Arten dieser recht unklar definierten Gattung sind in auffällig helle Gelb- und Orangetöne gehüllt. Der Gattungsname *Hypanthidioides* bedeutet so viel wie „der *Hypanthidium* ähnlich, aber doch ein wenig anders“. Die *Hypanthidium* wiederum erhielt ihren Namen aufgrund ihrer engen Verwandtschaft zur Gattung der *Anthidium*, die vor vielen Jahren zum ersten Mal beschrieben wurde und zahlreiche Artennamen mit unterschiedlichen Präfixen und Suffixen hervorgebracht hat. Verstrickungen wie diese sind nicht immer nur auf den Gattungsnamen begrenzt, sondern auch innerhalb der taxonomischen Rangordnung zu finden. Diese hübsche kleine Biene beispielsweise hat 55 beschriebene Schwestertaxa, die gegenwärtig in 10 verschiedene Untergattungen aufgeteilt sind. Jede dieser Untergattungen war zu einem früheren Zeitpunkt als eigenständige Gattung gelistet; aufgrund der erkannten Gemeinsamkeiten folgte schließlich die Zusammenlegung.

Noch ist diese verworrene Stammbaumsuche nicht zu Ende, denn es gab bisher keine eingehenden Untersuchungen der molekularen Signatur dieser Spezies und auch die traditionellen morphologischen Befunde sind lange nicht ausreichend. Wir dürfen also gespannt sein, was das nächste Kapitel dieser aufregenden taxonomischen Entdeckungsreise bereithält.

Trichocerapis mirabilis

* engl.: Pendant Long-Horn („Hängendes Langhorn")

Gesammelt von N. W. Perioto

Es ist großartig, wie sich die Natur die Evolution zunutze macht, um Lösungen für Probleme zu finden, die uns gar nicht als solche bewusst waren. Die sechs Arten dieser kleinen Gattung sind von moderatem Körperbau und bevölkern den zentralen Teil Südamerikas. Die Antennen der männlichen *Trichocerapis mirabilis* sind bei fünf der beschriebenen Arten stark verändert – die oberen Glieder laufen schmal zusammen und sind mit Fransen besetzt, wobei das letzte Glied zu einer flachen dunklen Scheibe erweitert ist. Die Ursache für diesen veränderten Flügelwuchs ist unbekannt. Ziemlich sicher scheint jedoch, dass das Auffinden oder Anlocken weiblicher Geschlechtspartnerinnen dabei eine Rolle spielt. Die Männchen dienen lediglich als Samenspender und sind am Nestbau und an der Versorgung des Bienenvolkes gänzlich unbeteiligt.

Diphaglossa gayi

* engl.: Valdivian Forest Forked-Tongue
(„Biene mit gespaltener Zunge aus dem Valdivianischen Regenwald“)

Gesammelt von Laurence Packer in Chile

Im Süden Chiles erstreckt sich ein bezaubernd schöner, immergrüner, gemäßigter Regenwald. Viele der dort beheimateten Pflanzen- und Tierarten kommen sonst nirgendwo auf der Welt vor. So auch die *Diphaglossa gayi*, deren Lebensraum auf die Regenwaldregion begrenzt ist. Als Pollengeneralist bestäubt sie eine Vielzahl der Holzgewächse des Waldes. Dabei fällt auf, dass diese Holzgewächse von der Insektenbestäubung viel stärker abhängig sind als ähnliche Pflanzen außerhalb der Regenwaldregion, wo die Bestäubung in erster Linie durch den Wind und erst nachrangig von Insekten ermöglicht wird.

Die *D. gayi* ist eine exzellente Nachahmerin; sie gleicht einer der größten Hummelarten, der *Bombus dahlbomii*, sowohl in ihrer Farbe als auch in Hinblick auf die Blüten, die sie besucht. Wie alle Hummeln besitzt die *B. dahlbomii* einen mächtigen Stachel und jeder Angreifer, der schon einmal von ihr eingeschüchtert wurde, wird zwangsläufig auch die große Waldbiene meiden. Da die Weibchen der *D. gayi* tatsächlich stechen können, ist dies ein ausdrucksvolles Beispiel der „Müller'schen Mimikry“ – die Spezies mit ähnlichem Farbmuster profitiert voneinander, da ihre Feinde nur einer Artgenossin begegnet sein müssen, um ihre Warnsignale fortan mit allen ähnlich aussehenden Spezies in Verbindung zu bringen.

Edwyniana, near flavicornis

* engl.: Tomato-Colored Bee („Tomatenrote Biene")

Gesammelt von Laurence Packer in Chile

Während eine orange oder rostbraune Körperbehaarung bei Bienen keine Seltenheit ist, sind kurze knallrote, feine Härchen nur bei wenigen Bienenarten zu finden. Dieser tomatenfarbenen Biene begegnet man am südlichen Ende der Atacamawüste. Gemeinsam mit den ihr verwandten Arten besiedelt sie dort die unterschiedlichsten Lebensräume, von der Küstenwüste bis mehrere Tausend Meter hoch in den Anden. Wie bei den meisten farbenprächtigen Bienen wird auch ihr Haarkleid nach längerer Zeit in der erbarmungslosen Wüstensonne etwas an Farbkraft verlieren.

Caupolicana gaullei

* engl.: Tricolored Morning Forked-Tonge
(„Dreifärbige Morgenbiene mit gespaltener Zunge")

Gesammelt in Brasilien

Diese Biene ist groß, schnell und ziemlich schwer einzufangen. Die Männchen schwirren mit hoher Geschwindigkeit umher oder gehen über Nistplätzen in Stellung, um paarungswillige Weibchen abzupassen. Es ist nur wenig aus dem Alltag dieser Biene bekannt. Viele ihrer Verwandten gehen bereits frühmorgens auf Nahrungssuche und auch die *Caupolicana gaullei* besucht Pflanzen, deren Blüten sich in den frühen Morgenstunden öffnen. Ihre Schnelligkeit hilft den Weibchen möglicherweise dabei, den verfügbaren Pollen so rasch wie möglich einzusammeln, ehe die Staubbeutel von anderen Frühaufstehern geleert werden und das zunehmende Tageslicht weitere Konkurrenten weckt.

Im Bild links ist die gespaltene Zunge der *C. gaullei* gut zu erkennen. Während die nach oben gewölbte Zungenspitze ein Charakteristikum ist, das alle Mitglieder dieser Familie (Colletidae) aufweisen, kommt eine derart starke Spaltung der Zunge nur bei einer Unterfamilie vor. Die Biene benutzt ihre Zunge zum Verstreichen von Drüsensekreten an den Innenwänden ihres Nestes. Dadurch werden die Brutzellen wasserdicht und dienen fortan als geeigneter Speicher für die recht flüssigen Nahrungsvorräte, die die Weibchen dieser Spezies für ihren Nachwuchs einlagern.

Eucerinoda gayi

* engl.: Gay's Eucerine („Gays Eucerine")

Gesammelt von Laurence Packer in der Nähe von Santiago, Chile

Claude Gay war ein französischer Insektenforscher, der im frühen 18. Jahrhundert nach Chile reiste, um dort zu unterrichten. Seiner Tätigkeit als Lehrer konnte er jedoch nicht so viel abgewinnen wie seiner großen Leidenschaft, der Naturgeschichte, und so verbrachte er die meiste Zeit mit der Erforschung von Pflanzen, Tieren und der Geologie des Landes.

Die hübsche dickpelzige *Eucerinoda gayi* ist nach Gay benannt. Man darf annehmen, dass er die Präparate bereitstellte, aus denen die wissenschaftliche Beschreibung der *E. gayi* durch Maximilian Spinola aus den 1850er-Jahren hervorging. Obwohl diese Biene bereits seit mehr als 150 Jahren bekannt ist, wurde noch keine zweite Art dieser Gattung gefunden und auch sie selbst ist weitgehend unerforscht. Sie galt als ausgestorben, bis Laurence auf einer seiner Expeditionen nach Chile einige Exemplare der *E. gayi* in einer Gruppe von Präparaten entdeckte und sie so nach 50 Jahren wieder auferstehen ließ. Sie zählt aus taxonomischer Sicht zu den „Langhornbienen", auch wenn die Antennen der Männchen kurz sind. Die Natur lässt sich eben nur selten auf strikte Gesetzmäßigkeiten ein.

Manuelia postica

* engl.: Red-Tipped Twig-Nester
(„Zweignister mit roter Hinterleibspitze")

Gesammelt von Laurence Packer in Chile

Die *Manuelia postica* leben und nisten im hohlen oder markhaltigen Inneren abgestorbener Stängel und Zweige. Sie reihen eine Brutzelle neben die andere, bis der längliche Nistraum gefüllt ist. Trotz ihrer vorbildlichen Nestarbeit werden sie mit einem Sicherheitsproblem konfrontiert, vor dem auch andere vergleichbare Bienenarten nicht gefeit sind. Wenn sich das Weibchen auf die Suche nach Pollen und Nektar begibt, können Futter- und Brutparasiten den Bau betreten und den Pollen stehlen oder ihre Eier in den Brutzellen ablegen. Damit dies nicht so häufig geschieht, bewacht das Weibchen den Eingang, solange es sich im Nest aufhält, und streckt seinen Stachel durch die Öffnung, sobald sich ein Eindringling nähert. Beobachtungen haben gezeigt, dass ein Nest gelegentlich von zwei weiblichen Bienen besetzt ist – eine hält im Nest die Stellung, während die andere auf Pollensuche geht –, vermutlich um die Chance auf eine zahlreiche Nachkommenschaft zu erhöhen. Man hat herausgefunden, dass sich die Nestpartnerinnen an ihrem Geruch erkennen können. Die Deckschicht ihres Außenskeletts trägt die chemischen Bestandteile jener Duftstoffe, die als Erkennungsmerkmal dienen.

In der Gattung der *Manuelia* sind nur drei Arten vertreten, die ausschließlich in den südlichen Regionen Südamerikas vorkommen. Aufgrund ihrer unterschiedlichen Körperfarbe kann man sie sehr gut auseinanderhalten, denn eine von ihnen ist blau, eine schwarz und etwas kleiner und die dritte – Sie wissen es sicherlich bereits – hat eine rot gefärbte Hinterleibspitze.

Osiris-Art

* engl.: Atlatl Godbee („Atlatl-Götterbiene")

Gesammelt von E. Lozano

Der ägyptische Gott Osiris erweckt wohl bei so manchem von uns Gedanken an das Jenseits, an Wiedergeburt, an eine grüne Hautfarbe und möglicherweise auch an die Honigbienengattung, die seinen Namen trägt. In den frühen Jahren der Insektenforschung ließen Wissenschaftler gern ihr fundiertes Allgemeinwissen durchblicken und setzten Gattungsnamen häufig mit römischen, griechischen oder, wie in diesem Fall, ägyptischen Gottheiten in Verbindung. Allerdings scheint die Namensverwandtschaft bei dieser Gattung plausibler als bei den meisten anderen, denn einige *Osiris*-Arten weisen in der Tat eine recht blasse, manchmal gelblich-grüne Hautfarbe auf.

Zwischen Mexiko und Argentinien sind 32 verschiedene *Osiris*-Arten vertreten, doch bislang ist so gut wie nichts über ihre parasitäre Lebensweise bekannt. Wir konnten lediglich eine Momentaufnahme ausfindig machen, auf der zu sehen ist, wie eine junge Osiris aus dem Nest einer pollensammelnden Biene der Gattung *Paratetrapedia* fliegt.

Aus morphologischer Sicht fallen die *Osiris* aufgrund ihres exponierten Stechapparates auf. Die ventrale (untere) Seite des letzten Hinterleibsegmentes endet in einer rohrförmigen Öffnung, durch die der lange Stachel hervortreten kann. Interessant ist vor allem der keilförmige Fortsatz, der bei fast allen anderen Bienenarten nichts weiter als ein unscheinbarer Haken an der Basis des Stachels ist. Bei der *Osiris* hingegen ist er stark verlängert und wirkt fast wie eine Speerschleuder, ein so genannter „Atlatl". Vielleicht hilft ihr dieser bemerkenswerte Fortsatz dabei, ihren Stachel zielsicher zu versenken, wenn sie in ihrem Nest von einer Kuckucksbiene überrascht wird oder bei der Rückkehr zum Nistplatz einen ungebetenen Eindringling auf frischer Tat ertappt.

Geodiscelis longiceps

* engl.: Long-Nosed Sandlover („Langnasige Sandliebhaberin")

Gesammelt von Laurence Packer in Chile

Die Atacamawüste in Chile ist die trockenste Wüste der Erde. Flüssiger Nektar würde unter der prallen Sonne nicht lange bestehen, daher verstecken viele Pflanzen ihre Reserven tief im Inneren der Nektarien ihrer Blüten. Das hat zur Folge, dass nektarsuchende Bienen eine lange Zunge und in manchen Fällen auch einen ziemlich langen Kopf benötigen, um an den Nektar heranzukommen. Die *Geodiscelis longiceps* ernährt sich aus den Blüten der *Tiquilia*, einer im Sand wachsenden bodennahen Pflanze aus der Familie der Raublattgewächse. Die Biene wurde auf ihrem Streifzug durch das regenfreie Randgebiet der Atacama im Norden Chiles im Jahr 2004 erstmals gesichtet. Es handelte sich eindeutig um eine neu entdeckte Art und ihre Gattungszugehörigkeit schien anfangs unklar. In einer eng verwandten Gattung gibt es ebenfalls Arten mit ungeheuer langen Köpfen und Mundteilen, die allerdings aus anderen Kopfpartien als bei der *G. longiceps* hervorgegangen sind. Erst durch mikroskopische Untersuchungen gelang es, die Biene der richtigen Gattung zuzuordnen, wobei die einzige andere Spezies, die zu jener Zeit in dieser Gattung vertreten war, einen gänzlich runden Kopf besaß. Seither sind drei weitere *Geodiscelis*-Arten gefunden worden, eine mit rundem Kopf und zwei mit langen Köpfen; die *G. longiceps* hat jedoch den längsten Kopf von allen. Hochgerechnet auf ihre Gesamtkörperlänge, ist sie wohl die schlankste Biene der Welt.

Alepidosceles-Art

* engl.: Unknown Opulent Bee („Unbekannte Schlemmerin")

Gesammelt von Erin Willis in Paraguay

Die Gattung der *Alepidoscelis* ist dem Tribus der *Emphorini* untergeordnet. Die Bienen dieses Subtribus haben einen kuppelförmig erhöhten Kopfscheitel und sind überwiegend auf bestimmte Pollenarten spezialisiert, wie etwa jenen aus den Blüten der Winden- und Malvengewächse. Zumindest eine *Alepidoscelis*-Art weist ähnliche Erkennungsmerkmale auf, wobei ihre Spezialisierung offenbar auf den Blütenpollen der Portulakgewächse liegt.

Beim Einbetten der Eier in ihre unterirdischen Nester folgen *Emphorini*-Bienen einer unüblichen Vorgehensweise: Sie legen die Eier nicht auf dem gesammelten Pollen-Nektar-Gemisch ab, wie es die meisten Bienen tun würden, sondern verbergen sie unter dem Futtervorrat jeder Brutzelle, möglicherweise um sie so vor einfallenden Parasiten, wie sie an anderer Stelle in diesem Buch beschrieben werden (siehe Seiten 47, 71, 78, 81 und 109), besser zu schützen.

Parapsaenythia scutellaris

* engl.: Reddish Hairy-Eyed Miner („Rötliche pelzaugige Sandbiene“)

Gesammelt von Alana Taylor in Argentinien

Honigbienen benutzen die langen Härchen zwischen den Facetten ihrer Augen als Navigationshilfe. Nur wenige Bienenarten können auf diese Annehmlichkeit zurückgreifen. So besitzen etwa die als Kegelbienen bekannten *Coelioxys* ebenfalls Härchen auf ihren Augen, doch diese sind zu kurz und unregelmäßig verteilt, als dass sie beim Fliegen von Nutzen sein könnten. Die *Parapsaenythia scutellaris* hier im Bild ist die einzige Spezies mit behaarten Augen innerhalb der Familie der Andrenidae und lässt sich aufgrund dieses Merkmals einfach von den anderen Arten unterscheiden. Unklar bleibt allerdings, wieso die Härchen entstanden sind.

Die adrette kleine Gruppe der *Parapsaenythia* besteht aus sieben südamerikanischen Bienenarten, deren Körperoberfläche mit zahlreichen punktförmigen Einkerbungen verziert ist.

Mourecotelles-Art

* engl.: Unknown Cute Bee („Unbekannte hübsche Biene")

Gesammelt in Argentinien

Was für eine attraktive Biene! Leider wissen wir nicht viel über diese hübsche Unbekannte, die in den gemäßigten Regionen im Westen Südamerikas beheimatet ist. Sie gehört einer wenig erforschten Gattung an. Der Großteil der vorhandenen Informationen stammt aus Museen, in denen 22 Arten aus verschiedenen Sammlungen beschrieben wurden. In einer Aufzeichnung ist vermerkt, dass einige Nester in von Hand gefertigten Insektenhotels gefunden wurden, die natürlichen Nistplätzen, wie etwa Käferlöchern und gespaltenen Pflanzenstielen, nachempfunden sind. Von welchen der 22 Arten genau diese Nester stammen, geht aus der Aufzeichnung nicht hervor.

Temnosoma-Art

* engl.: Unknown Metallic Cratered Cuckoo
(„Unbekannte metallfarbene, punktierte Kuckucksbiene")

Gesammelt von Michael Sharkey

Diese metallgrün schimmernde Biene mag auf den ersten Blick genauso aussehen wie ihre Verwandten aus der Familie der Schmalbienen (Halictidae). Unter dem Mikroskop fällt jedoch auf, dass die Weibchen keinen Pollensammelapparat besitzen. Sie sind Brutparasiten, die ihre Eier in die Nester naher Verwandter legen und ihren Nachwuchs nicht selbst versorgen. Werden sie während ihres heimtückischen Vorhabens von der Nestbesitzerin ertappt und angegriffen, dient ihr stark punktiertes Außenskelett als wirkungsvolles Schutzschild, da sich der Stachel und die spitzen Mundwerkzeuge der Wirtin in den zahlreichen kleinen Einkerbungen leicht verhaken können. Die Gattung der *Temnosoma* zählt sieben Bienenarten und ist vom Südwesten der Vereinigten Staaten bis an die nördliche Grenze Argentiniens vertreten.

Tetragona-Art

Stachellose Honigbiene

Gesammelt von German Perilla in Peru

Stachlellose Honigbienen bilden mit zahlreichen Gattungen einen eigenen Tribus. Ihr Stechapparat hat sich vor Dutzenden Millionen Jahren so weit zurückentwickelt, dass er nicht mehr funktionsfähig ist. Diese *Tetragona* ist nur eine von vielen stachellosen staatenbildenden Bienenarten, die um den Äquatorgürtel zu finden sind und mit Ausnahme einiger ozeanischer Inseln alle tropischen Länder dieser Welt bevölkern. Sie leben großteils in Waldregionen und bilden zumeist die dominante Gruppe innerhalb der lokalen Bienengemeinschaft. Wie bei den stechenden Honigbienen gibt es bei den *Tetragona* Königinnen und honigproduzierende Arbeiterinnen, doch in ihrem Verhalten, ihrer Gestalt und ihrem Körperbau unterscheiden sich die beiden Bienengruppen ganz erheblich voneinander. Honigbienen sind besser erforscht als die zahlreichen Spezies der Stachellosen Bienen, unter denen sich die einzige fleischfressende Bienengattung befindet (ihre Vertreter verspeisen Aas anstelle von Pollen). Zu den Stachellosen Bienen gehört auch die einzige Bienengattung, die ihren Proteinbedarf mit antibakteriellen Enzymen aus den Tränen von Wirbeltieren deckt.

Wenn eine *Tetragona* bedroht wird, fliegt sie ihrem Angreifer – egal ob Tier oder Mensch – geradewegs ins Gesicht und setzt sich mit aggressiven Bissen zur Wehr. Sie verbeißt sich in den Augenlidern, Lippen, Nasenlöchern und Ohren ihres Opfers und vibriert dabei heftig mit ihren Flügeln, um zusätzlich für Irritation zu sorgen. Der Honig, den sie in moderaten Mengen produziert, ist flüssiger und etwas säuerlicher als jener der Honigbienen und aufgrund seines vorzüglichen Geschmacks sehr begehrt.

Melipona-Art

Stachellose Biene, La Legítima

Gesammelt von German Perilla in Peru

Die Honigproduktion obliegt nicht den Honigbienen allein. Es gibt Gattungen, die weitaus länger auf dieser Erde sind und seit vielen Millionen Jahren Honig erzeugen. Eine von ihnen ist die *Melipona*. Ihre Spezies besiedeln die Wald- und Dschungelregionen Zentral- und Südamerikas und werden für ihren Honig hoch geschätzt. Sie sind größer als die meisten anderen stachellosen Bienen, vereinzelt sogar größer als Honigbienen, und können deshalb mehr Honig einlagern als ihre Artverwandten.

Indigene Völker sammeln den Honig und das Wachs wildlebender *Melipona*-Kolonien. Sie schnitten hohle Äste mitsamt den darin befindlichen Nestern ab und siedelten die Bienen zudem in ihren Dörfern an. Geschmack und Farbe des Honigs sind je nach Bienenart unterschiedlich und hängen auch von den Blüten ab, die die Bienen besucht haben. Generell gilt der Honig der *Melipona* als angenehm süß.

Den Namen „La Legitima" erhielt sie von den Bewohnern der Comunidad de Chino, einem Dorf im häufig überfluteten Einzugsgebiet des Amazonas in Kolumbien. German Perilla, Professor an der George Mason University, arbeitet mit den Menschen des abgelegenen Dorfes an einer Vermarktungsstrategie für ihren Honig sowie andere vor Ort gesammelte und erzeugte Produkte, die als Teil eines neuen Gemeinschaftsprojektes einen fairen Handel in kleinen abgeschiedenen Gebieten ermöglichen soll.

ASIEN

Thyreus wallacei

Fleckenbiene
* engl.: Wallace's Neon Cuckoo
(„Wallaces neonfarbene Kuckucksbiene")

Gesammelt von Charles Baker auf den Philippinen

Im Sonnenlicht und im diffusen Licht der Mikroskoplampe bringen die blau-schimmernden Härchen den Körper dieser Fleckenbiene zum Glänzen. Unsere Bilder können den Glanz dieser Biene nur bedingt widerspiegeln, doch der große flache Schutzschild, der von der Rückseite ihres Brustteil über das leicht verletzbare Gelenk zwischen Brust und Hinterleib reicht, ist deutlich zu erkennen. Da die *Thyreus wallacei* ihre Eier in die Nester blau-gebänderter Pelzbienen (*Amegilla*) legt und die junge *Thyreus*, nachdem sie geschlüpft ist, das Ei oder die Larve der Wirtsbiene tötet und sich deren Essensvorräte aneignet, kommt es wohl häufig zu unliebsamen Begegnungen mit erzürnten Nestbesitzerinnen, in denen sich der zusätzliche Schutzschild als besonders nützlich erweist.

Charles Baker hat dieses Exemplar zu Beginn des 20. Jahrhunderts auf den Philippinen eingefangen, wo er als zweiter Dekan die neu gegründete landwirtschaftliche Hochschule leitete. In seiner Freizeit durchwanderte er das weitläufige Inselgebiet, um Insekten zu sammeln. Seine Funde sind ein herausragendes Beispiel dafür, wie Menschen, die eine Vorliebe für Naturwissenschaften verspüren, unser naturgeschichtliches Verständnis bereichern. Wertvolle Beiträge dieser Art werden auch heute noch von Hobbysammlern überall auf der Welt geleistet.

Curvinomia yunnanensis

* engl.: Thai Opalescent („Thailändische bunt-schimmernde Biene")

Gesammelt von Pongpitak und Sathit in Thailand

Die 137 bunt-schimmernden *Nomiinae*-Arten sind auf allen besiedelten Kontinenten der Erde vertreten, mit der Ausnahme von Südamerika (ein Kuriosum, das bislang ungeklärt blieb). Fast alle Arten weisen an ihren Hinterleibsegmenten eine fein glänzende perlmuttfarbene Umrandung auf, die je nach Lichteinfall in blauen, grünen, gelben oder orangen Schattierungen schimmert.

An diesem hübschen thailändischen Bienenmännchen ist gut zu erkennen, dass männliche Bienen, insbesondere *Nomia*-Männchen, oftmals von der Körperform abweichen, die wir landläufig mit einer Biene in Verbindung bringen. Aufgrund sexueller Selektion haben sich bei einigen *Nomiinae*-Männchen beinahe alle körperlichen Merkmale verändert. Bei einigen Arten sind die Antennen wie Korkenzieher gebogen oder mit spachtelförmigen Anhängseln versehen (siehe Seite 31), andere besitzen Dornenfortsätze an ihrem Außenskelett, einen Kamm oder Borsten an der Unterseite ihres Hinterleibes oder, wie diese Spezies, breite stämmige Hinterbeine, die an einen Bodybuilder erinnern.

Tarsalia persica

* engl.: Persian Asymmetric („Asymmetrische persische Biene“)

Gesammelt von C. Sedivy, C. Praz und I. H. Sung im Iran

Sieben *Tarsalia*-Arten wurden bisher wissenschaftlich beschrieben. Die Informationen sind spärlich, denn es konnten nur wenige Exemplare eingefangen und noch keine Nester gefunden werden. Ihr Lebensraum erstreckt sich vom Mittelmeer bis nach Indien. Die englische Bezeichnung „Asymmetric Bee“ rührt daher, dass Teile der männlichen Genitalien auf einer Seite größer entwickelt sind als auf der anderen. Warum dem so ist, darüber lassen sich lediglich Vermutungen anstellen. Naheliegend wäre, dass die Weibchen dieser Spezies asymmetrisch gebaute Männchen bevorzugen. Die dunkle pink-rote Haut am Außenskelett dieses aus dem Iran stammenden Exemplars ist in seiner Gattung einzigartig und hebt die darauf wachsenden weißen Härchen noch stärker in den Vordergrund.

Die geografische und taxonomische Stammesgeschichte der *Tarsalia* ist recht undurchsichtig. Wildbienenexperten sind sich schon lange uneinig darüber, ob die *Tarsalia* nicht vielleicht mit einer anderen Alte-Welt-Gattung eng verwandt sind, nämlich mit der im Mittelmeerraum beheimateten *Ancyla* (siehe Seite 94). Jüngste Forschungen sprechen für ein direktes Verwandtschaftsverhältnis, auch wenn die engsten Verwandten beider Gattungen aus Nord- und Südamerika stammen. Dank moderner Analyseverfahren scheint es naheliegend, dass die Vorfahren dieser Bienen vor rund 52 Millionen Jahren von Nordamerika nach Westeuropa gelangten. Zu jener Zeit war es beträchtlich wärmer auf unserem Planeten als heute, sodass es zu einer vorübergehenden Landverbindung zwischen den Kontinenten gekommen war, die den Bienen die lange Reise ermöglicht hatte.

Ceratina smaragdula

Keulhornbiene
engl.: Emeraldine Small Carpenter
(„Smaragdgrüne kleine Keulhornbiene")

Gesammelt von Sam Droege auf Hawaii

Trotz ihrer ungleichen Körperform und -größe sind Holzbienen (*Xylocopa*) und Keulhornbienen (*Ceratina*) eng miteinander verwandt. Beiden Gattungen gemein ist ihre aufopfernde Brutpflege, die unter anderem die Fütterung der Jungbienen beinhaltet. Ihr fürsorgliches Verhalten ist für Bienen ungewöhnlich und führt nicht selten dazu, dass die Weibchen länger als ein Jahr Nachwuchs produzieren und mit all ihren Töchtern in einer komplexen Nestgemeinschaft zusammenleben. In dieser Hinsicht unterscheiden sie sich erheblich von fast allen anderen Bienenarten, deren Lebenszeit auf höchstens ein Jahr begrenzt ist.

Viele *Ceratina*-Arten besitzen eine stark punktierte Körperhülle mit einer bläulich bis grünlich schimmernden Haut. Bei der *C. smaragdula* sind die grünen Farbtöne stärker präsent als bei den meisten ihrer Verwandten. Ihr ursprünglicher Lebensraum liegt in Indien und Südostasien, allerdings wurde dieses Exemplar auf Hawaii eingefangen, wo Keulhornbienen mittlerweile sehr zahlreich auf einigen – wenn nicht auf allen – Inseln vertreten sind.

Xylocopa-Art

Holzbiene

Gesammelt von Laurence Packer in Indien

Abgesehen von den kühleren Regionen der Erde sind Holzbienen überall auf der Welt vertreten. Sie zählen zu den größten bekannten Bienenarten und werden daher oft für Hummelköniginnen gehalten. Zu unterscheiden sind sie von den Hummeln aufgrund ihres relativ kurzen, schütteren Haarkleides. Sie halten auch im Ruhezustand ihre Flügel wie ein Kampfjet auseinandergespreizt, wohingegen die Hummeln ihre Flügel sauber gekreuzt auf ihrem Rücken ablegen. Überraschend ist, dass Holzbienen trotz ihrer Größe und ihres bedrohlichen Aussehens nur stechen, wenn man direkt Hand an sie legt (und selbst dann sind die Stiche der meisten Arten harmlos).

Während die Weibchen der 376 beschriebenen Holzbienenarten in der Regel schwarz behaart sind, ist bei vielen Männchen eine gelbe Behaarung üblich, gelegentlich in Verbindung mit einer blassen Körperhaut, von der man annimmt, dass sie das paarungsfreudige Männchen attraktiver oder zumindest leichter erkennbar für das Weibchen macht. Anders als die meisten Bienenarten, die nicht länger als ein Jahr leben (und den Großteil ihrer Zeit inaktiv im Nest verbringen), können Holzbienen-Weibchen bis zu drei Jahre alt werden. Einige von ihnen harren in ihren Nestern aus und warten, bis die älteren Familienmitglieder gestorben sind, ehe sie selbst auf Futtersuche gehen.

Crocisaspidia vespoides

* engl.: Opalescent Bee („Opalfarbene Biene")

Gesammelt von Jason Gibbs in Oman

Man möchte meinen, Wüsten wären aufgrund ihrer scheinbar kargen Biodiversität nicht der ideale Platz für Bienen. Die Arabische Halbinsel ist mit ihrer exponierten Lage im Arabischen Meer eines der größten Wüstengebiete der Erde und dennoch wurden im dortigen Oman von Jason Gibbs auf einer dreiwöchigen Exkursion fast so viele Bienenarten entdeckt, wie bis zum damaligen Zeitpunkt in dem Land beschrieben worden waren, einschließlich dem Exemplar im Bild. So unglaublich es auch klingen mag: Trockene mediterrane bis wüstenreiche Gebiete weisen eine überaus reiche Vielfalt an Bienenarten auf. Sie sind quasi die „Hot-Spots" für Bienen. Viele Bestäuber haben sich auf die nicht minder zahlreichen Pflanzenarten dieser Regionen spezialisiert und tragen so zum Erhalt der Artenvielfalt bei. Bienen wie Pflanzen ist es gelungen, sich an die isolierenden Bedingungen und die unterschiedlichen Mikroklimata, die in Trockengebieten vorherrschen, anzupassen.

Die *Crocisaspidia* werden aufgrund zahlreicher Übereinstimmungen gelegentlich mit der Gattung der *Nomia* zusammengelegt. Das führt zu irreführenden Doppelnennungen und einem Wechsel von Artennamen innerhalb zweier Gattungen und sorgt immer wieder für Unsicherheit und Verwirrung unter Biologen. Namensänderungen wie diese werden jedoch auch in Zukunft nicht ausbleiben, denn die Taxonomie ist eine Wissenschaft, die fortwährend neuen Informationsquellen zur Bestimmung von Arten und Gruppierungen nachgeht.

Ceratina-Art

Keulhornbiene
engl.: Logogramic Small Carpenter
(„Zeichentragende Keulhornbiene")

Gesammelt von Hien Ngo in Vietnam

In diesem Buch werden mehrere Keulhornbienen vorgestellt. Sie sind auf allen Kontinenten mit vielen Arten vertreten; lediglich in Australien ist nur eine Art dieser Gattung zu finden. Einige Keulhornbienen besitzen auffällig schöne Punktierungsmuster und Farbflecken auf ihrem schlanken, für Bienen relativ spärlich behaarten Körper. Die Biene im Bild gehört einer Artengruppe an, in der beide Geschlechter großflächige gelbe Markierungen aufweisen. Die *Ceratina hieroglyphica* ist eine bekannte Vertreterin dieser Artengruppe. Ihr Beiname verweist auf die gelben Schnörkel auf ihrer dunklen Körperhülle, die in ähnlicher Form auch bei der hier abgelichteten *Ceratina*-Art zu sehen sind. Wenn sie korrekt identifiziert wurde, ist diese Biene das erste aus Vietnam stammende Präparat dieser Spezies.

Alle bisher bekannten Keulhornbienen nisten in freigelegten Markhöhlen von Pflanzenstielen, wo das Weibchen die Larven in einer Reihe aneinandergeschichteter Brutzellen heranwachsen lässt und sie mit einem selbstgemachten Pollen-Nektar-Gemisch versorgt.

Amegilla-Art

Pelzbiene
engl.: Tricolored Mimetic Flower-Lover
(„Dreifärbige imitierende Blumenliebhaberin")

Gesammelt von Laurence Packer in Indien

Die *Amegilla* sind in der Alten Welt weit verbreitet. Einige von ihnen erkennt man an ihrem bläulich- bis weiß-gebänderten Hinterleib, den sie auf ihrem Flug von Blüte zu Blüte oft und gern zur Schau stellen. Viele Männchen harren im direkten Blickfeld der Sammler aus, so als würden sie regelrecht darauf warten, fotografiert zu werden. Daneben existieren auch einheitlicher gefärbte Arten; eine australische *Amegilla* beispielsweise ist am ganzen Körper mit flaschengrünen Haaren bedeckt. Wieder andere präsentieren sich in einem Haarkleid mit spektakulären schwarz-weißen oder schwarz-orangen Mustern (siehe Seite 38). Das Besondere an der hier gezeigten dreifärbigen *Amegilla* ist, dass ihre Körperfärbung jener der Hummeln sehr ähnlich ist. Da Hummeln wegen ihres kräftigen Stachels von potenziellen Fressfeinden gemieden werden, ergibt sich für diese *Amegilla* der gleiche Vorteil wie für die kenianischen *Megachile* auf Seite 28: Als Ebenbilder eines schmerzhaft zustechenden Insektes werden sie seltener Opfer eines Angreifers, der sie aufgrund ihrer Täuschung für gefährliche Gegner hält.

Hoplitis spinigera

Mauerbiene

engl.: Spiny Mason („Dornige Mauerbiene“)

Gesammelt von Laurence Packer im Westjordanland

Diese Biene ist im Nahen Osten beheimatet. Ihr Lebensraum erstreckt sich entlang der Mittelmeerküste von Ägypten bis nach Bulgarien und Griechenland. So wie einige andere Arten aus der großen Megachilidae-Familie transportiert sie den Pollen nicht auf ihren Beinen, sondern auf speziell behaarten Flächen an der Unterseite ihres Hinterleibes. Die mit Pollen beladenen Bauchbürsten sind im Bild gut zu erkennen. Bislang konnte nur sehr wenig über die Lebensweise dieser Spezies in Erfahrung gebracht werden. Der Schweizer Biologe Andreas Müller, der sich seit vielen Jahren mit den Megachilidae beschäftigt, gibt in einem Online-Bericht Grund zu der Annahme, dass die *Hoplitis spinigera* auf Pflanzen aus der Familie der Korbblütengewächse, insbesondere auf jene aus der Gruppe der Disteln, spezialisiert ist. Sein Bericht beruht auf mikroskopischen Untersuchungen von Pollenkörnern, die auf Museumspräparaten dieser Spezies gefunden wurden. Die ausgefransten Kanten an den dunklen Flügeln dieser Mauerbiene lassen darauf schließen, dass sie schon eine ganze Weile in ihrem Einzugsgebiet unterwegs war. Die Abnutzung der Flügel ist ein Indikator für das ungefähre Alter von Insekten und ermöglicht es Wildbienenexperten, mehrere Exemplare verschiedenen Alters miteinander zu vergleichen. Dabei kann es gut sein, dass man einer Biene begegnet, deren Flügelrand von der wochenlangen Arbeit bereits vollkommen abgerieben wurde.

Ochreriades fasciata

* engl.: Near East Mint Bee („Nahost-Minzbiene“)

Gesammelt von Laurence Packer in Israel

Diese Biene hat die Angewohnheit, sich ausschließlich von den Pollen der Lippenblütengewächse zu ernähren. Sie gehört einer sehr kleinen Gattung an, die einige stammesgeschichtliche, geografische und morphologische Besonderheiten aufweist. Jüngste Erkenntnisse scheinen darauf hinzudeuten, dass die *Ochreriades* im heute gültigen Klassifizierungsraster falsch eingeordnet sind und nicht zu den Verwandten der Orchideenbienen zählen. Was ihre geografische Verteilung betrifft, so ist die *O. fasciata* in zwei Nahost-Staaten (Israel und Türkei) anzutreffen, während die einzige weitere *Ochreriades*-Art, die *O. rozeni*, bislang nur ein einziges Mal im fernab gelegenen Namibia gesichtet wurde. Im Normalfall leben die Vertreter einer Bienengattung verteilt in einem zusammenhängenden Gebiet; die große Distanz wäre demnach ziemlich ungewöhnlich, es sei denn, es gibt noch weitere *Ochreriades*-Arten in den dazwischenliegenden Gebieten zu entdecken. Ihr schmaler Körperbau ist ein Indiz dafür, dass sie in Pflanzenstielen oder in verlassenem, von Insekten durchbohrtem Gehölz nisten. Bis zum gegenwärtigen Zeitpunkt konnte jedoch noch kein Nest gefunden werden. Vielleicht haben Sie auf Ihrer Suche mehr Glück?

Ancyla asiatica

* engl.: Asiatic Enigma („Rätselhafte asiatische Biene“)

Gesammelt von Jakub Straka in der Türkei

Vom westlichen Mittelmeer bis nach Zentralasien sind neun *Ancyla*-Arten beheimatet. Aufgrund der Beschaffenheit ihrer Zungen konnte ihre Stammeszugehörigkeit nicht sofort geklärt werden. Taxonomen sehen eine Unterteilung in Lang- und Kurzzungenbienen vor, wobei neben der Länge der Zunge auch die Form und Struktur der übrigen Mundwerkzeuge eine Rolle spielt. Die Unterkiefer und die Unterlippe der Kurzzungenbienen sind in mehreren kleinen Segmenten um die Zunge herum angeordnet. Bei den Langzungenbienen hingegen verläuft die Unterlippe wie eine lange Scheide unter der Zunge und die Zunge selbst wird durch eine steife Zungenwurzel verstärkt. Die *Ancyla* sind Verwandte der Langzungenbienen, besitzen jedoch keine relevanten Zungenmerkmale, die ihre Zugehörigkeit bestätigen würden – keine verlängerte Unterlippe, keine Zungenwurzel. Das macht ihre Zuordnung vergleichsweise schwierig. Der Grund, warum sich ihre Mundwerkzeuge zu einer früheren Form zurückentwickelt haben, ist schnell erklärt: Sie beziehen ihre Nahrungsvorräte aus den winzigen offenen Blüten der Petersilie, für die sie keinen langen Saugrüssel benötigen.

Anders als das Weibchen im Bild besitzen die Männchen auffallend weiße Flecken auf ihren Gesichtern. *Ancyla*-Exponate sind in Bienensammlungen nur selten zu finden. Erst in den vergangenen beiden Jahren wurden die ersten Erdnester zweier *Ancyla*-Arten entdeckt und wissenschaftlich beschrieben. Nun gilt es, weitere Details aus dem Leben dieser Bienengattung in Erfahrung zu bringen.

Xylocopa-Art

Holzbiene

Gesammelt von Laurence Packer

Die meisten Holzbienen-Weibchen besitzen eine pechschwarze Körperhülle, die gelegentlich mit hauchzarten metallischen Farbtönen untermalt ist. Diese außergewöhnliche Spezies jedoch ist mit ihrer dunkelblau glänzenden Haut und den perfekt darauf abgestimmten dunkelviolett schimmernden Flügeln eine wahre Schönheit unter den Holzbienen.

Die Weibchen sind sehr auf ihren Nachwuchs bedacht und verfolgen eine andere Brutstrategie als die meisten Insektenarten. Anstatt zu Lebzeiten so viele Eier wie möglich zu produzieren und die Larven dann sich selbst zu überlassen, legen Holzbienen-Weibchen nur eine Handvoll besonders großer Eier (die größten Insekteneier überhaupt) und bleiben dann oft bei ihrem Nachwuchs, um für ihn zu sorgen und das Nest zu bewachen. In mancherlei Hinsicht weist ihre niedrige Reproduktionsrate und das hohe Engagement für ihren Nachwuchs Parallelen zu uns Menschen auf.

Ctenoplectra-Art

* engl.: Blue-Tailed Plectrum („Blauschwänziges Plektrum“)

Gesammelt von der Thailand Inventory Group for Entomological Research[14] in Thailand

Diese asiatische Biene hat eine Vorliebe für Blütenöle und reiht sich als thailändische Verwandte in die Gruppe der Ölbienen ein (siehe auch Seiten 32, 42, 60, 113 und 128). Werfen Sie einen Blick auf den großen Kamm an den Hinterschienen dieses Weibchens. Nach ihrem Blütenbesuch bürstet die Biene damit die gesammelten Öle aus den bauchseitigen Härchen auf seinen Hinterleib. Abgesehen von ihren besonderen Sammelwerkzeugen besitzen die *Ctenoplectra* auch eine recht ungewöhnliche Zunge, die eine rasche Klassifizierung schwierig machte. Wie auf Seite 94 erwähnt, ist eine grobe Unterteilung in Lang- und Kurzzungenbienen möglich. Diese basiert auf bestimmten Details in der Struktur der Mundwerkzeuge (die Zungenlänge allein ist nicht ausschlaggebend). Die *Ctenoplectra* tragen die strukturellen Merkmale einer Kurzzungenbiene, besitzen jedoch noch weitere Eigenschaften, die eine enge Verwandtschaft mit den Langzungenbienen wahrscheinlicher machen. Sie unterscheiden sich derart stark von allen übrigen Bienen dieser Welt, dass einst eine eigene Familie für diese Gattung geschaffen wurde. Im Zuge detaillierter morphologischer und molekularer Untersuchungen wurde Jahre später ihre tatsächliche Zugehörigkeit nachgewiesen und die Gattung rangiert nun innerhalb der Familie der Apidae, zu der noch einige Unterfamilien und viele weitere Gattungen zählen.

[14] *Eine Forschungsgruppe, die sich unter anderem mit der Erkundung, Identifizierung und Bewertung des Insektenvorkommens in Thailand beschäftigte*

Andrena-Art

Sandbiene

*engl.: Black-Tipped Andrena („Sandbiene mit schwarzer Spitze")

Gesammelt von Jason Gibbs in Oman

Dank den Geschicken der Evolution erfreut sich die Gattung der *Andrena* über mehr als 1.500 verschiedene Arten und ist damit die zweitgrößte Bienengattung weltweit (lediglich die *Lasioglossum*, auch als Furchenbienen bekannt, weisen einen größeren Artenreichtum auf). Trotz ihrer beachtlichen Zahl sind die Sandbienen nicht auf allen Kontinenten vertreten. Noch keine von ihnen hat die lange Reise nach Südamerika oder Australien gewagt und auch in Afrika sind sie nur sehr selten anzutreffen. Entsprechend überraschend kam die Botschaft, dass Jason Gibbs auf einer Expedition im Oman eine *Andrena* eingefangen hat – in einem Land, in dem noch nie zuvor eine Sandbiene gesichtet worden war. Leider wissen wir zum gegenwärtigen Zeitpunkt noch nicht, ob es sich um eine neu entdeckte Spezies handelt oder ob sie bereits beschrieben, aber noch nicht wissenschaftlich registriert worden ist. Da einige Sandbienenarten in Saudi-Arabien und noch einige mehr im Iran vorkommen, stehen die Chancen allerdings gut, dass sich auch dieses Exemplar zuordnen lässt. Dafür spricht auch das auffällige Erscheinungsbild dieser Biene. Mit ihrer orangeroten Körperfarbe, die wohl nur in extremen Trockengebieten etwas häufiger zu sehen ist, unterscheidet sie sich deutlich von ihren vorwiegend schwarz gefärbten Verwandten.

Pararhophites orobinus

* engl.: Yellow Pollen-Ball Bee („Gelbe Pollenkugel-Biene“)

Gesammelt von Christophe Praz in Usbekistan

Diese interessante kleine Biene gehört einer Gattung mit nur drei Arten an, die von Nordafrika bis in den zentralasiatischen Raum hinein vertreten sind. Sie legen einige für Bienen untypische Verhaltensweisen an den Tag, die ihre taxonomische Bestimmung erschweren. Verwirrend ist zum einen, dass die Weibchen den gesammelten Blütenstaub beim Abtransport von der Blüte überall auf ihrem Körper verstreut lassen, anstatt ihn auf ihre Hinterbeine oder unter ihren Hinterleib zu schieben, wie es andere Bienen tun. Unklar ist auch, warum sie darauf verzichten, die Brutzellen und Nahrungsvorräte in ihren flachen Nestern wasserdicht zu verschließen, obwohl die Pollenkugeln darin bei starkem Regen aufweichen. Ihre offene Nestbauweise erklärt zumindest, warum die *Pararhophites* in den feuchteren Regionen dieser Erde nicht anzutreffen sind.

Chiasmognathus-Art

* engl.: Tajiki Crossjaw („Tadschikische Kreuzkiefer-Biene“)

Gesammelt von Wojciech Pulawksi in Tadschikistan

Winzige Bienen haben winzige Brutparasiten. Im Falle der kleinen pollen- und nektarsammelnden *Nomioides* (siehe Seite 104) sind die Eindringlinge nur 2–4 Millimeter groß. Sie stürmen die Nester der Wirtsbienen, töten deren Larven, schleusen ihre eigenen Eier ein und decken ihren Nahrungsbedarf mit den vorhandenen Pollen- und Nektarvorräten. Die Oberkiefer dieser *Chiasmognathus* weichen von der bei Bienen üblichen Form ab: Das rechte und linke vordere Ende überlappen sich nicht, sondern sie liegen über Kreuz. Bislang ist unklar, welchen Zweck die veränderte Kieferform erfüllen soll.

Chiasmognathus-Bienen sind schwer aufzuspüren, denn sie verbringen nur wenig Zeit in der Nähe von Blüten. Am ehesten fündig wird man, wenn man sich vor den Nestern ihrer Wirtsbienen auf die Lauer legt – allerdings sind auch diese nicht gerade einfach zu finden! Wir sind aber zuversichtlich, dass im Laufe der Zeit weitere *Nomioides*-Nester von Bienensammlern entdeckt werden und mit ihnen auch die winzigen *Chiasmognathus* näher erforscht werden können. Seit sie als Parasiten der *Nomioides* erkannt wurden, wuchs die Zahl der beschriebenen *Chiasmognathus* stetig, sodass man ihre Spur mittlerweile bis in den Mittelmeerraum, nach Zentralasien, auf die Arabische Halbinsel, nach Sri Lanka sowie in den Westen und Osten Afrikas verfolgen kann, wenngleich die afrikanischen Arten bislang noch nicht wissenschaftlich beschrieben sind.

Pasites maculatus

Kurzhornbiene

engl.: White-Spotted Red Cuckoo („Weißgefleckte rote Kuckucksbiene“)

Gesammelt von Ron McGinley in Pakistan

Taxonomen haben bereits viele *Pasites*-Arten benannt – es waren 23 an der Zahl –, doch keine von ihnen fand so viel Beachtung wie die *P. maculatus*. Während nahezu all ihre Verwandten südlich der Sahara in Afrika beheimatet sind, erstreckt sich der Lebensraum dieser Kuckucksbiene wie ein lang gezogenes Band von Europa bis zur Pazifikküste Chinas. Auf einer Expedition nach Pakistan gelang es Jerry Rozen, der bereits viele Jahre seiner beruflichen Laufbahn mit der Erforschung des Nistverhaltens und der Biologie der Wildbienen verbracht hat, einige Nester dieser Spezies auszugraben. Ron McGinley begleitete ihn auf dieser Expedition und fing das hier gezeigte Exemplar ein.

Wenn sich die Wirtsbiene (*Pseudapis diversipes*) auf Futtersuche begibt, dringt die *P. maculatus* ins fremde Nest ein und legt blitzschnell ihr Ei in der Zellwand ab. Dazu muss sie das Ei in der Mitte falten! Nach einigen Tagen schlüpft die junge Kuckucksbiene und zerstört das Ei oder die Larve der Wirtin mit ihren großen säbelartigen Mundwerkzeugen.

Bombus eximius

Hummel
engl.: Black-and-Orange Bumblebee („Schwarzorange Hummel")

Gesammelt von I. H. Sung in Taiwan

Eingefangen in Taiwan, galt diese wunderschöne Hummel mit ihrer unverwechselbaren Orangefärbung für geraume Zeit als eigenständige Bienenart (*Bombus latissimus*). Doch dann wurden auf dem angrenzenden chinesischen Festland Bienen entdeckt, die sowohl mit der chinesischen *Bombus eximius* als auch mit dieser *Bombus* aus Taiwan farbliche Übereinstimmungen zeigten. In den 1930er-Jahren beschloss man, die taiwanesische Spezies mit der weit verbreiteten *Bombus eximius* gleichzusetzen, die in leicht abweichenden Farbvarianten im gesamten südostasiatischen Raum vorkommt. Viele Jahrzehnte später haben Taxonomen Exemplare aus Taiwan und Thailand untersucht und beim Vergleich der Genstruktur festgestellt, dass es sich tatsächlich um ein und dieselbe Bienenart handelt.

Besonders auffällig an diesem Weibchen sind die breiten kahlen Stellen auf seinen Hinterbeinen. Alle staatenbildenden Bienen, die mit der *B. eximius* verwandt sind (u. a. Honigbienen, Stachellose Bienen und Hummeln) besitzen diese so genannten „Körbchen" als Transportvorrichtung für den gesammelten Pollen und Nektar. In groben Zügen erklärt, läuft die Umlagerung des Pollens folgendermaßen ab: Beim Besuch einer Blüte bleiben Pollenkörner auf allen behaarten Körperstellen der Biene haften. Durch Kämmbewegungen mit den vorderen und mittleren Beinpaaren bürstet die Biene den Pollen aus ihren Härchen und schiebt ihn nach hinten in die haarlosen Vertiefungen der Pollenkörbchen, wo der gesammelte Pollen dann für den Abtransport zum Nest bereit ist.

Nomioides

Steppenbiene
engl.: Central Asian Minibee („Zentralasiatische Minibiene“)

Gesammelt von L. Best in Kirgistan

Größere Bienen werden von ihrer Umwelt eher wahrgenommen und von Sammlern oftmals genauer untersucht als ihre kleinen Artgenossen. So kommt es, dass Holzbienen und Hummeln weltweit einen hohen Bekanntheitsgrad genießen, während kleine Bienen, die uns weder lästig werden noch stechen, trotz ihres zahlreichen Auftretens oftmals unerforscht bleiben. Im Falle der Steppenbienen können wir die feinen Details, durch die sich die 2–5 mm kleinen Insekten voneinander unterscheiden, mit freiem Auge gar nicht erkennen; hierfür sind die mikroskopischen Fachkenntnisse von Experten erforderlich. (Der weltweit führende Experte für kleine Bienenarten war Jurij Pesenko, wissenschaftlicher Mitarbeiter am Zoologischen Institut in St. Petersburg. Mit seinem Ableben haben sich unsere Chancen, die Bienenwinzlinge dieser Welt auf die Spezies genau zu identifizieren, deutlich verringert.)

Da sich Steppenbienen bevorzugt in abgelegenen Gebieten ansiedeln, bleiben selbst große Kolonien mitunter jahrzehntelang unentdeckt. Bienenwinzlinge sind wie geschaffen zum Bestäuben kleiner Blüten, zumal sie für die Versorgung ihrer Nachkommen nur geringe Mengen an Pollen benötigen. Diese unidentifizierte kirgisische Steppenbiene ist so winzig, dass sie zum Fixieren an die Seite einer Insektennadel geklebt werden musste, weil man sie beim Durchbohren mit der Nadel zu stark beschädigt hätte. Die hübsche Färbung ihrer Flügel ist auf so genannte „Interferenzmuster“ zurückzuführen, die durch die Brechung des Lichtes an den unterschiedlich dicken Flügelmembranen entstanden sind.

ZENTRALAMERIKA UND KARIBIK

Megachile lanata

Blattschneiderbiene
engl.: Orange Tramp Leafcutter
(„Orange Wander-Blattschneiderbiene“)

Gesammelt von Sam Droege auf der Insel Oahu, Hawaii, sowie von Sean Brady und Sam Droege auf dem Stützpunkt der US-Marine in der Bucht von Guantánamo, Kuba

Diese bezaubernde Biene mit den orangefarbenen Haaren stammt ursprünglich aus Indien, ist mittlerweile aber auch in der Karibik, in Florida, in Südamerika, auf Hawaii und auf der Insel La Réunion vertreten. Einige Bienenarten gelangten bereits im 18. Jahrhundert auf Segelschiffen in ihre neue Heimat. Zu diesen frühen Auswanderern gehört auch die *Megachile lanata*. Sie nistet für gewöhnlich in hohlen Pflanzenstielen oder durchlöchertem Gehölz und hat gelernt, sich in städtischen Vorgärten und überwucherten Hinterhöfen zurechtzufinden. Als angepasste Großstadtbiene war es für sie nicht allzu schwierig, auf Schiffen um die halbe Welt zu segeln.

Mit ihren grob gezackten Kiefern sammelt sie Harz und feuchte Erde, um daraus die Zwischenwände für eine Reihe von Brutzellen im Inneren ihres Nestes zu formen. Wie viele andere Bienen trägt sie kleine Mengen an Pollen und Nektar in jede Zelle und legt darauf jeweils ein Ei ab. Die Larven schlüpfen kurze Zeit später und bedienen sich aus den bereitgestellten Nahrungsvorräten, ehe sich Eindringlinge daran zu schaffen machen. Die Bienenlarve benötigt das Polleneiweiß und die Kohlenhydrate aus dem Nektar für ihre weitere Entwicklung. Sie durchwandert mehrere Larvenstadien, bis sie ausgewachsen ist und das letzte Stadium, die Puppenruhe, erreicht hat. Danach harrt sie tage-, monate- oder sogar jahrelang in ihrer Brutzelle aus, bis die Zeit für sie gekommen ist, ihre Puppenhaut abzustreifen.

Nomada krugii

Wespenbiene
engl.: Krug's Nomada („Krugs Nomada“)

Gesammelt von Sean Brady und Sam Droege in der Dominikanischen Republik

Nicht alle Bienen sammeln Pollen und verpflegen damit ihren Nachwuchs. Etwa 20 Prozent aller bekannten Bienenarten fallen in die Nester fremder Bienen ein, anstatt sich den Strapazen der Nahrungssuche und des Nestbaus auszusetzen. Die Weibchen überlassen ihre Eier also lieber einer Wirtsbiene, als sich selbst darum zu kümmern. Seit es Bienen auf unserer Erde gibt, hat sich diese Brutstrategie über Millionen von Jahren hinweg weiterentwickelt. Mittlerweile müssen sich die meisten pollensammelnden Bienenarten gegen Brutparasiten wehren. Als Folge ihrer parasitären Lebensweise haben sich bei vielen Kuckucksbienen helle Farbmuster durchgesetzt, die möglicherweise auch als Warnsignal für Fressfeinde zu verstehen sind.

Diese grazile Wespenbiene fällt mit Vorliebe in fremde Nester ein. Man weiß nur sehr wenig über sie und bislang wurde noch kein Nest mit ihren Nachkommen gefunden, das die Grundlage für weitere Untersuchungen hätte bieten können. Ähnliche in der Karibik beheimatete Wespenbienen sind bekannt dafür, die Nester der *Exomalopsis* und *Agapostemon* zu parasitieren – vielleicht gibt es hier Parallelen zwischen den verwandten Arten. Die *Nomada krugi* ist ausschließlich auf den karibischen Inseln Puerto Rico und Hispaniola zu finden; die Dominikanische Republik, wo dieses Exemplar eingefangen wurde, ist einer von zwei Staaten auf Hispaniola. Wespenbienen tragen ein auffällig gelbes Muster und schwirren meist knapp über dem Boden, auf der Suche nach Nestern ihrer Wirtsbienen.

Lasioglossum havanense

Schmalbiene

engl.: Havana Hairy-Tongue („Havanna-Schmalbiene")

Gesammelt von Sean Brady und Sam Droege in der Dominikanischen Republik

Die hübsche grüne *Lasioglossum havanense* ist nach ihrem Fundort benannt. Wir verdanken ihre wissenschaftliche Beschreibung Charles Baker, der während seines Einsatzes in der agrarwissenschaftlichen Forschungsstation in Kuba vor über 100 Jahren zahlreiche Schmalbienen gesammelt und katalogisiert hat. Es war derselbe Charles Baker, der später auf die Philippinen auswanderte und dort unzählige Insektenfunde wissenschaftlich dokumentierte (siehe Seite 82).

Bei den mehreren Hundert *Lasioglossum*-Arten weltweit sind unterschiedliche Formen sozialer Organisation zu beobachten. Im einfachsten Fall teilen sich zwei oder mehrere Weibchen die Nestpflege. In anderen Fällen tragen die Töchter der Nestgründerin zur Versorgung und Bewachung der Kolonie bei, ohne jedoch selbst Eier zu legen. Es gibt eine Vielzahl an Zwischenstufen und Abwandlungen dieser eusozialen Lebensweisen und selbst innerhalb einer Bienenart kann es, etwa aufgrund anderer geografischer Gegebenheiten, zu Unterschieden im Sozialverhalten kommen.

Sphecodes tainoi

Blutbiene
engl.: Tainoi Sphecodes („Tainoi Sphecodes")

Gesammelt von Sara Prado auf Puerto Rico

Rund 20 Prozent aller Bienen sind, wie diese Blutbiene, Kleptoparasiten. Die Weibchen sammeln keinen Pollen und legen ihre Eier in die Nester anderer Bienen. Blutbienen sind auf allen Kontinenten vertreten und überfallen zum überwiegenden Teil Nester von Bienen, die aus der gleichen Familie wie sie selbst stammen – den Halictidae. Nur einige wenige Blutbienenarten haben es auf die Erdnester familienfremder Gattungen abgesehen. Aus der Biologie der Blutbienen-Weibchen ist bekannt, dass sie die Eier der Wirtsbiene in der Regel vorab zerstören, ehe sie ihre eigenen Eier in das unfertige Nest legen.

Die erst kürzlich beschriebene *S. tainoi* stößt auf reges Interesse unter Bienenforschern. Man kannte sie ursprünglich nur aus Kuba, aber dann entdeckte Sara Prado das hier abgebildete Exemplar auf der weiter östlich gelegenen Karibikinsel Puerto Rico, wo sie einige Studien über die Rolle von Bienen in den landwirtschaftlich genutzten Gebieten der Insel durchführte. Überraschend an diesem Fund ist, dass auf der zwischen Kuba und Puerto Rico gelegenen Insel Hispaniola bislang keine Vertreterin dieser Spezies gesichtet wurde. Wir vermuten allerdings, dass sie auch dort vertreten ist und nur noch nicht entdeckt wurde.

Centris fasciata

* engl.: Banded Digger („Gebänderter Erdnister“)

Gesammelt von Sean Brady und Sam Droege auf dem Stützpunkt der US-Marine in der Bucht von Guantánamo, Kuba

Diese Bienen sind riesig – es scheint fast so, als würden sie stellvertretend für die großen hitzescheuen Hummeln (*Bombus*) die amerikanischen Wüsten- und Tropenregionen besiedeln. Abgesehen von ihrer Körpergröße gibt es jedoch nur wenige Gemeinsamkeiten zwischen den Gattungen *Centris* und *Bombus*. *Centris*-Bienen führen eine solitäre Lebensweise mit nur einem Bienenweibchen pro Nest. Gelegentlich kommt es zu Nestansammlungen, in denen die solitären Weibchen auf kleinstem Raum in mehreren Hunderttausend Erdnestern nebeneinanderleben. Die meisten *Centris* versorgen ihre Brut mit einer Mischung aus Pollen und Blütenölen. Sie haben spezielle messerartige Härchen auf ihren vorderen und mittleren Beinpaaren, mit denen sie über die Drüsenhaare der Blüte kratzen, um die Öle freizulegen und sie dann, oft in Verbindung mit ein wenig Blütenpollen, auf ihre Hinterbeine zu laden. Das gesammelte Öl dient zum Teil als Nahrung für den Nachwuchs; einige Bienenarten streichen damit auch ihr Nest aus, um es durch den Ölfilm besser vor Feuchtigkeit zu schützen.

Mit Ausnahme von Puerto Rico ist die *C. fasciata* auf allen Inseln der Großen Antillen zu finden. Dieses Exemplar wurde am Stützpunkt der US-Marine in Guantánamo eingefangen. Dort gibt es nicht nur das bekannte US-Militärgefängnis, sondern auch eine reiche Auswahl an Dornengewächsen und Säulenkakteen sowie viele seltene Pflanzenarten, die von Bienen genutzt werden. Erhebungen der Smithsonian Institution haben gezeigt, dass rund um den Marinestützpunkt, in der trockensten Region Kubas, mehrere seltene und noch unidentifizierte Bienenarten darauf warten, erforscht zu werden.

Centris haemorrhoidalis

* engl.: Hemorrhoid Digger („Rotschopfiger Erdnister“)

Gesammelt von Sara Prado auf Puerto Rico

Diese „flotte“ Biene findet man ausschließlich auf Puerto Rico und einigen nahegelegenen Jungferninseln. Sie ist in etwa so groß wie eine kleine Hummel und erhielt aufgrund der roten Spitze ihres Hinterleibes den Beinamen *haemorrhoidalis*. In den zentralen und südlichen Regionen Puerto Ricos ist sie relativ stark verbreitet. Besonders häufig findet man sie auf Kaffeeplantagen und Ackerflächen. Sie huscht von einer Blüte zur nächsten, verweilt nur kurz am selben Ort und setzt abrupt zum Weiterflug an, sodass man schon sehr schnell sein muss, wenn man sie oder eine andere *Centris* mit dem Netz einfangen möchte.

Dinagapostemon sicheli

* engl.: Sichel's Crenulated Bee („Sichels Korkenzieherbiene")

Gesammelt von O. Sichel in Mexiko

Dieses Bienenpräparat mag auf den ersten Blick nicht besonders hübsch erscheinen, doch wer das Fundjahr auf dem Etikett liest, wird durchaus überrascht sein, wie gut diese Biene erhalten ist – weitaus besser, als Sie oder ich es fast 150 Jahre nach unserem Ableben wären! Insekten lassen sich im Allgemeinen sehr gut konservieren. Wenn man sie mit Vorsicht behandelt und in einer temperatur- und feuchtigkeitskonstanten Umgebung aufbewahrt, sind Insektenpräparate nahezu unbegrenzt haltbar. Diese Biene wurde nach ihrem Sammler benannt und im Nationalmuseum für Naturgeschichte in Paris aufbewahrt. Ein typisches Merkmal der *Dinagapostemon*-Männchen sind ihre spiralförmig eingekerbten Antennen. Trotz ihres imposanten Erscheinungsbildes ist die Gattung nur in wenigen Sammlungen zu finden. Viele *Dinagapostemon*-Arten wurden jeweils anhand eines einzelnen männlichen Präparates beschrieben und auch für die übrigen Arten standen nur unwesentlich mehr Vergleichspräparate zur Verfügung. Wer diese beeindruckende Bienengattung genauer erforschen möchte, sollte sich in den feuchten Hochlandgebieten Mexikos und/oder Zentralamerikas nach weiteren Exemplaren umsehen oder die Forschungsreise eines anderen Sammlers finanziell unterstützen. Vielleicht schwirrt dann schon bald eine Biene durch die Welt, die nach Ihnen benannt ist, und jemand schreibt in 150 Jahren über Ihr Präparat.

Mydrosoma serratum

* engl.: Serrated Evening Forked-Tongue
(„Spätfliegende Sägeblatt-Gabelzungenbiene")

Gesammelt von Sheila Dumesh in Mexiko

Die Weibchen dieser in Mexiko endemischen Spezies sind in etwa so groß wie Hummeln. Sie sammeln den Pollen tropischer Malvengewächse (*Triumfetta*), die ihre Blüten erst kurz vor der Abenddämmerung öffnen. So bleibt der Biene täglich nur rund eine halbe Stunde für die aktive Futtersuche. Die Männchen der *Mydrosoma* haben auffällige sägeblattartig geformte Antennen und verlängerte Hinterbeine, die vermutlich infolge sexueller Selektion entstanden sind und bestimmte Vorteile beim Fortpflanzungserfolg bieten sollen. Wie diese Geschlechtsmerkmale konkret eingesetzt werden, ist unklar, da die *M. serratum* und die weiteren zehn Vertreter ihrer Gattung nur selten gefangen wurden und ihr Verhalten in freier Natur schwer zu erforschen ist.

Megalopta genalis

* engl.: Common Northern Night Flier
(„Geläufiger nördlicher Nachtschwärmer“)

Gesammelt von Adam Smith auf der Insel Barro Colorado, Panama

Anstatt dem für Bienen üblichen Sammelrhythmus zu folgen und Blüten bei Tag zu besuchen, geht die *Megalopta genalis* in der Dämmerung auf Nahrungssuche – kurze Zeit vor Sonnenaufgang und kurz nach Sonnenuntergang, um genau zu sein, wenn das Licht gerade ausreicht, um die Biene zu jenen Pflanzen zu leiten, die sonst nur von gänzlich nachtaktiven Motten und Fledermäusen angesteuert werden. Ihre riesigen Komplexaugen und die drei Punktaugen (Ocellen) auf ihrer Stirn erleichtern das Navigieren. Die Ocellen reagieren sensibel auf Licht; sie dienen der Biene als innere Uhr und können aufgrund ihres großen Durchmessers geringe Lichtmengen besser einfangen, als die kleinen Ocellen anderer Bienen.

Die *M. genalis* suchen in Baumkronen oder im Unterholz nach morschen Stämmen und Zweigen, um darin ihre Nester zu errichten. Das Nistverhalten ist innerhalb der Spezies nicht einheitlich: Einige Weibchen versorgen ihr Nest allein, andere leben in Gemeinschaften, die aus einer dominanten Königin und einigen wenigen Tochterbienen bestehen. (Die Töchter tragen Pollen und Nektar ein und formen daraus Pollenkugeln; die Königin legt Eier.) Gelegentlich finden ungebetene Gäste Zutritt ins Nest, wie etwa Käfer, Kuckucksbienen (auch innerhalb der eigenen Gattung gibt es Bienen, die sich bei ihren Verwandten einnisten), Fliegen und Milben. Einige Nestbesetzer gehen so weit, dass sie die Larven und Puppen in den Brutzellen töten, während sich andere mit den eingelagerten Nahrungsvorräten zufriedengeben. Von einer Milbenart weiß man, dass sie der Bienenkolonie sogar nützlich ist, da sie ungewollte und möglicherweise gefährliche Mikroorganismen im Nest auffrisst.

EUROPA

Dasypoda plumipes

Hosenbiene
engl.: Hairy-Footed, Hairy-Leg („Haarbeiniger Haarfüßler")

Gesammelt von S. P. M. Roberts in England

Bienen nutzen unterschiedliche Bereiche ihres Körpers für den Pollentransport. Bei diesem Weibchen sind es die buschigen langen Härchen auf den Hinterbeinen, mit denen es den Pollen zum Nest trägt (männliche Bienen besuchen Blüten nur zur Eigenversorgung). Molekularbiologische Untersuchungen deuten darauf hin, dass die *Dasypoda plumipes* einer Gattung angehört, die nur wenig vom ursprünglichen Bienentypus abweicht. Auch in ihrer Lebensweise spricht einiges für diese Annahme. Genauso wie Wespen, aus denen vor über 100 Millionen Jahren die ersten Bienen hervorgegangen sind, lässt sie ihre Brutzellen gänzlich unverschlossen. Die meisten anderen Bienenarten hingegen bedecken ihre Zellen mit einer Schutzschicht aus Drüsensekreten oder ähnlich wasserabweisendem Material, die unter anderem die Entstehung von Schimmelsporen an den Nahrungsvorräten verhindern soll. Wespen sind auf eine Vorkehrungsmaßnahme wie diese nicht angewiesen, da die tierischen Produkte, mit denen sie ihre Larven füttern, weitaus besser haltbar sind.

Ammobates muticus

Sandgängerbiene
engl.: Mediterranean Bee Stalker
(„Verfolgerbiene aus dem Mittelmeerraum“)

Gesammelt von E. L. Merim in Palermo, Italien

Es gibt bislang noch keine eindeutige Erklärung dafür, warum so viele Kuckucksbienen eine auffälligere Körperfarbe besitzen als ihre Wirtinnen. Möglicherweise legen sie größeren Wert darauf, von Fressfeinden schnell erkannt zu werden. Ein potentieller Angreifer, der schon einmal von einer Biene gestochen wurde, wird das helle Farbmuster mit dem schmerzhaften Stich in Verbindung bringen und sich vermutlich nicht auf eine erneute Konfrontation einlassen. Kuckucksbienen halten sich vorwiegend in Bodennähe auf und verbringen den ganzen Tag mit der Suche nach fremden Nestern. Sie sind dabei viel größerer Gefahr ausgesetzt als pollensammelnde Bienen, die ihre Nester nur für kurze Zeit verlassen, wenn sie auf Futterflug gehen. Es scheint also naheliegend, dass die hellen Farben der Kuckucksbienen auch eine gewisse Schutzfunktion erfüllen.

Die Gattung der Sandgängerbienen zählt 50 beschriebene Arten, deren weitläufiger Lebensraum sich von den Kanarischen Inseln bis nach Indien erstreckt. Eine Spezies hat sich mit etwas Abstand zu den anderen im Süden Afrikas angesiedelt. Sandgängerbienen sind nur wenig erforscht; einige ihrer Vertreterinnen wurden dabei beobachtet, wie sie in die Nester der artenreichen *Anthophorini* (u. a. Pelzbienen, Langhornbienen) einfallen. Doch es gibt mit Sicherheit noch viel mehr über diese Gattung herauszufinden.

Melitta haemorrhoidalis

Sägehornbiene
engl.: Red-Butted Campanula Lover
(„Glockenblumenliebhaberin mit roter Hinterleibspitze")

Gesammelt von R. C. L. Perkins in England

„Melitta" ist das griechische Wort für „Biene" und steht zugleich für den Gattungsnamen dieser Bienengruppe. Bei allen Bienenarten sind bestimmte Vorlieben in der Auswahl der besuchten Blüten zu beobachten, doch einige von ihnen – und dazu gehören auch die *Melitta* – sind besonders wählerisch. Von den bereits erforschten Sägehornbienenarten weiß man, dass sie ihre Pollenvorräte zum überwiegenden Teil aus den Blüten einer Pflanzenart beziehen; gelegentlich wählen sie auch eine kleine Gruppe eng verwandter Pflanzenarten aus. In Nordamerika beispielsweise haben sich einige Sägehornbienen auf Heidekrautgewächse spezialisiert, die vorwiegend auf dem nordamerikanischen Kontinent heimisch sind (dazu zählen im Besonderen die Großfrüchtige Moosbeere, auch als „Cranberry" bekannt, sowie nordamerikanische Heidelbeerarten). Anderswo auf der Welt sind andere Vorlieben zu erkennen.

Innerhalb Europas sind die *M. haemorrhoidalis* am weitesten verbreitet. Sie versorgen ihren Nachwuchs mit dem Pollen der Glockenblumen und errichten ihre Nester überall dort, wo ausreichend Glockenblumen vorhanden sind, damit die Bienenkolonie überleben kann. Bei genauer Betrachtung sieht man an der Analplatte am spitzen Ende ihres Hinterleibes ein Büschel orangefarbener Härchen, auf das der Beiname dieser Biene zurückzuführen ist.

Aglaoapis tridentata

* engl.: Spined Goth („Dornige Gothic-Biene“)

Gesammelt von Heinrich Friese in Österreich

Die *Aglaoapis* sind eine kleine Gattung mit nur drei Arten, die recht weit voneinander entfernt in der Alten Welt verteilt leben. Eine von ihnen findet man in Indien, eine in Südafrika und die hier gezeigte *A. tridentata* besiedelt die gemäßigten Regionen Europas und Asiens. Möglicherweise war ihr Reich einst größer, mit zahlreichen Kolonien in den dazwischenliegenden Gebieten, die dann im Laufe der Jahrtausende erloschen sind.

Aufgrund ihres spärlich behaarten Körpers ist die *A. tridentata* nicht mehr in der Lage, Pollen zu sammeln. Sie zählt zu den Kleptoparasiten, die sich die Brutzellen und Nahrungsvorräte anderer Bienen aneignen. Sie ist bekannt dafür, die Nester der Mauer- und Blattschneiderbienen zu plündern und solange die Wirtinnen aus der gleichen Familie stammen, wie sie selbst (Megachilidae), scheint sie bei der Auswahl ihrer Wirtsnester nicht sonderlich penibel vorzugehen. Die *A. tridentata* ist eine von nur wenigen Bienenarten, die ihren Stachel vollständig verloren haben. Man möchte meinen, dass Bienen, die in fremde Nester einfallen, einen Stachel als Waffe gut gebrauchen könnten, doch diese Weibchen scheinen eine andere Strategie entwickelt zu haben, die es ihnen erlaubt, ihre Eier einer fremden Biene unterzuschieben und ungeschoren davonzukommen.

Colletes hederae

Efeu-Seidenbiene

Gesammelt in Europa

Die Efeu-Seidenbiene wurde erst kürzlich wissenschaftlich beschrieben und das, obwohl Wildbienen in Europa seit über 250 Jahren von fachkundigen Bienensammlern eingefangen und klassifiziert werden. Erklären lässt sich ihre späte Entdeckung dadurch, dass es in Europa zwei Seidenbienenarten gibt, die ihr sehr ähnlich sehen: Die Heidekraut-Seidenbiene (*Colletes succinctus*), die ebenfalls weit verbreitet ist, und die Küsten-Seidenbiene (*Colletes halophilus*), deren Lebensraum zum großen Teil auf die Salzwiesen entlang der Atlantik- und Nordseeküste begrenzt ist, wo sie den Pollen der Sandastern als Nahrungsquelle nutzt.

Wie ihr Name bereits vermuten lässt, besuchen Efeu-Seidenbienen fast ausschließlich Blüten des Gemeinen Efeus (*Hedera helix*). Eine derartige Spezialisierung ist in der Bienenwelt häufig zu beobachten; viele Bienen wählen gezielt eine Pflanzenart oder eine kleine Gruppe eng verwandter Pflanzenarten aus, um davon ihre Pollenvorräte zu beziehen. Die sichtbaren Unterschiede zwischen der Efeu-Seidenbiene und ihren engsten Verwandten sind minimal und nur bei starker Vergrößerung unter dem Mikroskop zu erkennen. Ihr Einzugsgebiet hat sich in den vergangenen Jahren stetig erweitert und man darf davon ausgehen, dass sie den Überflug vom europäischen Festland nach Großbritannien (wo sie 2001 zum ersten Mal registriert wurde) ganz ohne fremde Hilfe bewerkstelligt hat – auf dem direkten Weg über den Ärmelkanal.

Lasioglossum albipes

Schmalbiene

engl.: Polysocial Hairy-Tongue („Polysoziale Schmalbiene“)

Gesammelt von Cecile Plateaux-Quénu in Frankreich

Es wäre ein Trugschluss zu glauben, dass alle Bienen in sozialen Gemeinschaften leben, wie wir es von der viel beachteten Honigbiene kennen. Tatsächlich kommt es nur sehr selten vor, dass sich mehr als zehn eusoziale Weibchen zu einer Kolonie zusammenschließen; die meisten der über 20.000 bislang entdeckten Bienenarten leben solitär und gelten gemeinhin als „Einsiedlerbienen“. Die *Lasioglossum albipes* sind keiner dieser beiden Lebensweisen gänzlich abgetan: Mancherorts präsentieren sie sich als staatenbildende Spezies, in anderen Regionen als Einsiedler. Wie kann das sein?

Soziale Bienenarten sorgen mindestens zwei Mal im Jahr für Nachwuchs. Die ersten Nachkommen der Königin sind Arbeiterinnen. Sie legen einen Vorrat an Pollenkugeln an, auf denen die Königin weitere Eier ablegen kann. Sollte es sich um ihre letzte Brut handeln, werden daraus männliche Larven hervorgehen, um den Weiterbestand der Kolonie zu gewährleisten (die darauffolgende Brut enthält dann wieder eine Königin). Diese Methode funktioniert in jenen Regionen gut, die mit einem langen Sommer aufwarten können. In den Bergen und im extremen Norden ist der Sommer hingegen zu kurz für eine zweite Brut und so haben einige soziale Bienenarten zu einer solitären Lebensweise zurückgefunden, um auch in kühleren Gebieten bestehen zu können. Das ist der Grund dafür, warum beispielsweise in den Niederungen Frankreichs soziale Schmalbienen-Kolonien zu finden sind, während ihre Artgenossinnen in den französischen Gebirgsregionen solitär leben.

Macropis europaea

Schenkelbiene
engl.: European Oil Bee („Europäische Ölbiene")

Gesammelt von Heinrich Friese in Österreich

Einige Bienen haben ein besonders enges Verhältnis zu ihren Wirtspflanzen entwickelt. Die 16 Arten der *Macropis* sind solche Pollenspezialisten. Sie bestäuben ausschließlich die Blüten der Gilbweiderich-Gewächse und suchen hier wiederum gezielt jene Gilbweiderich-Arten auf, die dazu in der Lage sind, Blütenöle freizusetzen. Die fetten Öle haben mehrfachen Nutzen für Bienen: Sie dienen als Brutnahrung, eignen sich als wasserabweisender Schutzfilm über den Brutzellen und ermöglichen es den Bestäubern, den gesammelten Pollen vor dem Abtransport geschmeidig zu machen.

Wie eng die Symbiose zwischen Bienen und Pflanzen sein kann, ist an ihrer geographischen Verbreitung zu erkennen. Die *M. europaea* kommt in den gemäßigten Regionen Nordamerikas, Europas und Nordasiens vor – überall dort, wo auch ihre Wirtspflanzen wachsen. Während der Bestand der europäischen Arten gesichert zu sein scheint, ist die Anzahl der nordamerikanischen Schenkelbienen aus ungeklärten Gründen dramatisch gesunken, sodass sie dort nur noch selten anzutreffen sind. Ihr Schwinden bleibt auch für ihren einzigen Brutparasiten nicht ohne Folgen; die nordamerikanische *Epeoloides pilosula* ist fast gänzlich ausgestorben, wohingegen ihre Verwandte in Europa, die *E. coecutiens*, ziemlich weit verbreitet ist.

NORDAMERIKA

Osmia atriventris

Mauerbiene
engl.: Black-Bottomed Osmia
(„Mauerbiene mit schwarzer Hinterleibspitze")

Gesammelt von Sam Droege in Maryland, USA

Die Farbe Blau bringen wohl die wenigsten Menschen mit Bienen in Verbindung. Dabei gibt es innerhalb der Mauerbienen eine ganze Gattung, die vorwiegend Blau trägt. Eine Vertreterin dieser Gattung ist die *Osmia atriventris*. Die adulte Biene überwintert in ihrer Geburtszelle und wird erst im Frühling aktiv. Sie ist eine von vielen Bienen, die ihre Brut im Frühjahr bevorzugt mit den Pollen der Heidelbeerblüten füttern. Anders als Honigbienen, die nur selten Heidelbeerpflanzen bestäuben, zeichnen die Mauerbienen gemeinsam mit anderen nordamerikanischen Heidelbeerliebhaberinnen vorrangig für die Bestäubung und Vermehrung der beliebten blauen Früchte verantwortlich.

Wer eines ihrer Nester finden möchte, der sucht am besten in hohlen Pflanzenstielen oder alten Käferlöchern in Holzstämmen. In den langen schmalen Hohlräumen errichtet das Mauerbienen-Weibchen eine Reihe von Brutzellen mit Zwischenwänden aus zerkauten Blättern. Für jede Zelle stellt sie einen kleinen Vorrat an Pollen und Nektar her, auf dem sie jeweils ein Ei ablegt. Sobald eine Brutzelle gefüllt und die Zwischenwand gesetzt ist, beginnt sie mit der nächsten Zelle. Wenn die Zellreihe zu Ende gebaut ist, verschließt das Weibchen den Nesteingang wiederum mit einer Schicht aus zerkauten Blättern und lässt ihre Brut zurück, ohne jemals wiederzukehren. Kurze Zeit später schlüpft der Nachwuchs. Die Bienenlarven fressen die vorbereitete Pollenkugel in ihren Brutzellen und verspinnen sich in einem Kokon. Erst im nächsten Frühling verlässt die fertige Biene das Nest.

Bombus griseocollis

Hummel
engl.: Brown-Belted Bumblebee („Braun begürtelte Hummel“)

Gesammelt von Bob Kula in Washington, D. C., USA

Als Mitglied der Familie der Echten Bienen (Apidae) trägt die Hummel alle stereotypischen Bienenmerkmale und ist aufgrund ihre Größe und ihrer hellen Behaarung in den umliegenden Gärten und Parks kaum zu übersehen. Jeder, der als Kind barfuß über mit Klee bedeckte Wiesen lief oder den pelzigen Bestäuber mit neugierigen Fingern begutachtete, wird wissen, dass die Hummel auch stechen kann. In unserer kindlichen Vorstellung gab es „einfache Hummeln“ und „Hummelköniginnen“. Mit dem taxonomischen Verständnis studierter Naturwissenschaftler müssen wir diese Einteilung allerdings um rund 250 Hummelarten erweitern (knapp 50 davon sind in Nordamerika, etwa 70 in Europa vertreten).

Der Lebenszyklus der *Bombus griseocollis* beginnt, wie bei den meisten Hummeln, mit einer begatteten Königin, die unter der Erde überwintert und im Frühjahr eine neue Kolonie aufbaut. Aus den Eiern der Königin entwachsen in etwa ein halbes Dutzend Arbeiterbienen, die den Großteil der Nestpflege und Nahrungsbeschaffung für die Folgebrut übernehmen. Im Spätsommer produzieren die Königin und ihre Arbeiterinnen eine letzte Brut bestehend aus männlichen Nachkommen (Drohnen) und Jungköniginnen, die sich miteinander paaren. Während die Jungköniginnen überwintern, sterben die Drohen mit dem ersten Frost und der Zyklus beginnt von vorne. Die Königin in diesem Bild ist eine besonders prominente Biene: Sie wurde während einer morgendlichen Bestandsaufnahme des Insektenvorkommens auf der Südwiese des Weißen Hauses in Washington, D. C., eingefangen; ein eindeutiger Beweis dafür, dass Bienen auch in Großstädten ein (nahezu) ungestörtes Leben führen können.

Megachile sculpturalis

Blattschneiderbiene

engl.: Giant Resin Bee („Riesen-Harzbiene")

Gesammelt von Sam Droege in Maryland, USA

Diese ungewollte Einwanderin aus Asien verbreitet sich seit geraumer Zeit in Nordamerika. Sie ist eine der größten Bienen der Welt – größer als die meisten Holzbienen und Hummeln. Ihre ursprüngliche Heimat liegt in Japan, Korea und Südchina und von dort aus ist sie in den 1980er-Jahren wohl durch Zufall in den östlichen Teil der USA gelangt. Zu ihrer großen Freude hatten Gärtner und Landwirte auf der anderen Seite des Pazifiks das Land bereits mit zahlreichen ihrer Lieblingshülsenfrüchte bestückt: Kudzu, Breitblättrige Platterbse, Mönchspfeffer, Goldregen und andere. Sie ist mittlerweile bis nach Colorado vorgedrungen und wird unweigerlich die Westküste der USA erreichen. Auch die Grenze zu Kanada hat sie bereits hinter sich gelassen.

Blattschneiderbienen nutzen vorhandene Löcher oder Tunnel in Totholz und Holzverbauten als Nistraum für ihre Brut und sammeln Kiefernharz und andere Harze zum Auskleiden und Versiegeln der Brutzellen. Vor ihrer Überfahrt von Asien nach Nordamerika haben sich wohl einige Blattschneiderbienen in hölzernen Transportkisten eingenistet, ohne zu wissen, welch weite Reise ihnen bevorstand.

Zwischen den Neuankömmlingen und der in den USA heimischen Holzbiene *Xylocopa virginica* ist ein turbulenter Revierkampf entfacht. Da die Weibchen der *Megachile sculpturalis* ihre Nisthöhlen nicht selbst graben können, versuchen sie, sich Zugang zu den Nisthöhlen der Holzbienen zu verschaffen. Im Zuge des Gefechts gießen sie frisches Harz über die Holzbienen, um sie in ihrer Beweglichkeit so stark einzuschränken, dass sie sich gegen die Bisse und Stiche ihrer Kontrahentinnen nicht mehr wehren können. Die nunmehr recht ausgeglichene Anzahl an *Megachile sculpturalis* und *Xylocopa virginica* im nordamerikanischen Raum lässt vermuten, dass die Feindseligkeiten zwischen den beiden rivalisierenden Bienenarten zumindest vorübergehend abgeschwächt sind.

Osmia lignaria

Mauerbiene
engl.: Blue Orchard Bee („Blaue Feldbiene")

Gesammelt von Laura Campbell in Virginia, USA, und Jane Whitaker in Washington, D. C., USA

Damit die Bestäubungsarbeit in den Obstplantagen Nordamerikas nicht allein den Honigbienen zur Last fällt, setzt man vermehrt andere Wildbienenarten neben oder gar anstelle der Honigbienen als Bestäuber ein. Mit rund 60.000 besuchten Blüten pro Saison hat sich die *Osmia lignaria* als geeignete Kandidatin erwiesen. Da die Blütezeit von Obstbäumen recht kurz ist, muss bei einer gezielten Ansiedlung von Mauerbienen darauf geachtet werden, dass auch vor und nach der Obstblüte genügend Nahrung bereitsteht, etwa durch das Ansetzen von Lupinien und anderer heimischer Pflanzen rund um die Plantagen. Nur so können die fleißigen Arbeiterinnen ihre Nester erfolgreich über den Winter bringen und in der Folgesaison noch zahlreicher aktiv sein.

Augochlora pura

* engl.: Pure Augochlora („Ungetrübte Augochlora“)

Gesammelt von Philip Moore in Tennessee, USA

In unsere Vorstellung sehen wir Bienen für gewöhnlich als kleine fleißige Bestäuber auf den Blütenpflanzen von Wiesen, Feldern und Gärten. Oft wird vergessen, dass auch unsere Wälder vom Blütenbesuch der Insekten abhängig sind. Die großen Blüten einiger der höchsten Bäume auf Erden werden beispielsweise von Bienen bestäubt.

Die sommergrünen Laubwälder im Osten der USA bieten kurz vor dem Erscheinen der ersten Blätter ein reichhaltiges Nahrungsangebot für zahlreiche Bienenarten, wobei die *Augochlora pura* mit Sicherheit zu den meistgesehenen Bienen im dortigen Waldgebiet zählt. Anders als ihre Verwandten, die sich vorwiegend in Erdnestern oder Käferlöchern einrichten und den Wald nach Ende der Blütezeit verlassen, nisten und überwintern die *A. pura* in morschen Baumstämmen. Vermutlich reichen ihnen die wenigen Blüten in den Lichtungen und am Waldrand zum Überleben aus.

Der Gattungsname *Augochlora* bedeutet „gold-grün“, doch nicht alle *Augochlora*-Arten tragen die gleiche Körperfarbe. Die hier gezeigte Spezies ist überwiegend grün mit gelegentlichen blauen Schattierungen auf der Außenhaut. Einige ihrer nahen Verwandten haben einen schwarzen Körper mit orange-schillerndem Kopf, andere sind hellblau, gold oder grün und wieder andere zeigen sich in einer dezenten Mischung aus Blau und Rosa. Ihnen allen gemein ist der metallische Glanz, der wie ein dünner Ölfilm auf Wasser ihre Außenhaut umspielt.

Chelostoma rapunculi

Scherenbiene

engl.: Bellflower Linear Bee („Glockenblumenbiene mit linearer Nestbauweise)

Gesammelt von Anna Beauchemin in Vermont, USA, und Sam Droege in New York, USA

Wenn Bienen bestimmte Pflanzengruppen häufiger ansteuern, liegt das in erster Linie daran, dass ihnen der Pollen aus den Blüten dieser Pflanzen besser schmeckt. Der gesammelte Pollen wird von den Arbeiterinnen mit Nektar vermischt und als Vorrat für die Jungbienen in den Brutzellen eingelagert. Viele fremdbestäubte Pflanzen sind vom Besuch der Bienen abhängig, denn erst durch die Umlagerung des Pollens ist die Bestäubung der Blüte möglich. So ist im Laufe der Zeit ein enges Verhältnis zwischen einzelnen Bienen- und Pflanzenarten entstanden. Scherenbienen haben es vor allem auf den Pollen der Glockenblumen abgesehen, wobei die europäische Scherenbiene hier im Bild der Acker-Glockenblume (*Campanula rapunculoides*) ganz klar den Vorzug gibt.

Das enge Verhältnis zwischen dieser Biene und ihrer Wirtspflanze ist nicht zuletzt deshalb so interessant, weil beide vor nicht allzu langer Zeit ungewollt nach Nordamerika gelangt sind. Die Acker-Glockenblume hat sich rasant ausgebreitet; sie wuchert in Stadtgebieten, auf Müllplätzen, am Waldrand sowie auf brachliegenden Landflächen und ist mittlerweile im Norden der USA und in Kanada zu einer regelrechten Plage geworden. Der gut ausgebaute interkontinentale Schiffsverkehr scheint auch die lange Reise der *Chelostoma rapunculi* von Europa auf den nordamerikanischen Kontinent möglich gemacht zu haben. Man findet sie bisweilen in Ontario, New York, New England und wohl schon bald überall dort, wo auch ihre Wirtspflanze prächtig gedeiht.

Anthophora affabilis

Pelzbiene
engl.: Friendly Flower-Lover („Freundliche Blumenliebhaberin)

Gesammelt vom Forscherteam der USGS Badlands Survey im Badlands National Park, USA

Mit Ausnahme von Australien sind die großen stämmigen Pelzbienen überall auf der Welt zu finden. Für den ungeschulten Bienenbeobachter mag es mitunter schwierig sein, sie von den ähnlich aussehenden Hummeln zu unterscheiden, denn einige Pelzbienen haben das Haarkleid der Hummeln perfekt kopiert. Andere wiederum präsentieren sich in grauen, braunen oder schwarzen Farbtönen, wobei die Gesichter der Männchen fast immer in einem erfrischenden Gelb oder Weiß erstrahlen. Farbunterschiede zwischen den Geschlechtern sind bei Bienen nichts Ungewöhnliches. Interessant ist allerdings, dass es stets die Männchen sind, die eine zunehmend helle Gesichtsfarbe aufweisen, während die Weibchen in der Regel dunkler sind

Diese Pelzbiene wurde im Rahmen unserer Forschungstätigkeit im Badlands National Park in South Dakota eingefangen. Ihren beeindruckenden Rüssel kann sie hier gut gebrauchen, denn auf den matschigen Böden des Nationalparks wachsen zahlreiche Pflanzen mit langen Blütenkronen, in denen der Nektar tief verborgen liegt. Beim Blütenbesuch funktioniert der Rüssel wie ein Saugrohr, in dem die Biene ihre lange Zunge ein- und ausfährt, um an den Nektar zu gelangen. Nach getaner Arbeit klappt sie ihre Mundwerkzeuge unter ihrem Kopf ein. Ist der Rüssel besonders lang, kann es passieren, dass die Zungenspitze beim Fliegen hinter der Biene herschweift.

Anthidiellum notatum

Harzbiene
engl.: Orange-Legged Spriteling („Orangebeiniger Kobold“)

Gesammelt von Sam Droege in Maryland, USA

Die kleinen Harzbienen erinnern in ihrer Körperform an das Automodell „Beetle“ aus dem Hause Volkswagen. Auf ihrer bevorzugten Route mitten durch Hülsenfrüchtler-Gewächse wie Klee und Indigolupinie sausen die *Anthidiellum notatum* blitzschnell von einer Blüte zur nächsten. Der Grund für ihr rasantes Flugverhalten liegt zum Teil am Paarungseifer der Männchen, die in ihrem festgelegten Revier fortwährend nach nahrungssuchenden Weibchen Ausschau halten, um sie zu begatten.

Bei ihrer einzigartigen Nestbauweise verklebt das Harzbienen-Weibchen Pflanzenstiele, Blätter und Steine mit Pflanzenharzen zu einer einzelnen Brutzelle. Jedes neue Nest und jede neue Zelle wird an einem anderen Standort errichtet. Wie die meisten ihrer Verwandten aus der Familie der Megachilidae, tragen Harzbienen den gesammelten Pollen nicht auf ihren Hinterbeinen, sondern in Bauchbürsten unter ihrem Hinterleib zum Nest zurück.

Der Artenname *notatum* bezieht sich auf das markante Fleckenmuster auf dem Außenskelett dieser Biene. Interessant daran ist, dass die hellen Flecken bei einigen Bienen- und Wespenarten, die bis in den tropischen Süden Floridas gelangt sind, nicht mehr gelb, sondern orange-rot gefärbt sind.

Svastra obliqua

* engl.: Oblique-Striped Longhorn („Quergestreifte Langhornbiene“)

Gesammelt von Sam Droege in Maryland, USA

Dort, wo sich die *Svastra obliqua* ansiedelt, ist die Unberührtheit der Natur weitgehend erhalten geblieben. Man findet diese Biene hauptsächlich in den vegetationsreichen Graslandschaften Nordamerikas. Sie wird erst im Hochsommer aktiv und lässt sich vorwiegend auf den körbchenförmigen Blütenständen der Sonnenhüte, Sonnenblumen und Mädchenaugen nieder. Ihre Vorliebe für Sonnenblumen ist so groß, dass die *S. obliqua*, die im Grunde alle von Menschenhand geschaffenen Lebensräume meidet, nunmehr zu einem wichtigen Bestäuber wirtschaftlich genutzter Sonnenblumenfelder geworden ist.

Ihr Einzugsgebiet erstreckt sich über den gesamten nordamerikanischen Kontinent. Durch die isolierenden Einflüsse der Gebirgsketten im Westen sowie die großen geografischen Unterschiede in der Vegetation ist es zu feinen Abweichungen gegenüber dem ursprünglichen Erscheinungsbild dieser Biene gekommen. Während ihre Vertreterinnen in den östlichen Regionen nahezu vollständig in Schwarz gehüllt sind, tragen ihre Verwandten im Westen ein vorwiegend helles Haarkleid. Aufgrund der abweichenden Farbmuster hat man sich dazu entschlossen, die Spezies der *S. obliqua* in mehrere Unterarten zu gliedern, deren spezifische Merkmale nun mithilfe moderner wissenschaftlicher Methoden analysiert werden müssen. Die Gattung der *Svastra* zählt aus taxonomischer Sicht zu den Langhornbienen. Sie ist ausschließlich in der Neuen Welt (d. h. Nord- und Südamerika) vertreten, wobei das Regenwaldgebiet der südamerikanischen Tropen nicht zu ihrem Revier gehört.

Megachile xylocopoides

Blattschneiderbiene
engl.: Jet-Black Leafcutter
(„Pechschwarze Blattschneiderbiene")

Gesammelt von Sam Droege in Maryland, USA

Das äußere Erscheinungsbild der Bienen ist genauso facettenreich wie das der Blüten um uns herum, allerdings schweifen unsere Blicke viel zu oft daran vorbei. Die Weibchen dieser Blattschneiderbienenart etwa unterscheiden sich aufgrund ihrer schwarzen Körperfarbe deutlich von anderen Bienen ihrer Gattung. Dennoch besitzen sie die gleichen scharfen Klingen auf ihren Oberkiefern wie die meisten ihrer nahen Verwandten und transportieren den gesammelten Pollen ebenfalls in Bauchbürsten unter ihrem Hinterleib. Die letzten Fühlerglieder der Männchen sind etwas rundlicher geformt. Besonders auffällig sind ihre großen weißen Vorderbeine, mit denen sie die Augen der Weibchen während der Paarung bedecken.

Triepeolus pectoralis

Filzbiene
engl.: Muscular Triepeolus („Muskulöse Triepeolus“)

Gesammelt von Nationalparkmitarbeitern des Boston Harbor Islands Project in Massachusetts, USA

Filzbienen sind Brutparasiten. Die Weibchen der *Triepeolus pectoralis* plündern die Erdnester der Langhornbienengattung *Melissodes* und schleusen ihre eigenen Eier zwischen den noch unfertigen Zellwänden ein. Wenn die junge Filzbiene mit großem Kopf und langen spitzen Kieferzangen dem Puppenstadium entwachsen ist, sind die Nachkommen der Nestbesitzerin chancenlos.

Charakteristisch für Filzbienen sind die dichten weißen Haarbinden, die Teile ihres Körpers bedecken. Die Haare sind deutlich kürzer und dicker als bei anderen Bienen und liegen flach wie Schuppen über der Außenhaut. Aufgrund ihrer parasitären Lebensweise müssen Kuckucksbienen wie die *Triepeolus pectoralis* keine Nahrungsvorräte sammeln und benötigen daher auch keine langen Härchen für den Pollentransport. Ein paar Haare sind bei Kuckucksbienen aber dennoch zu finden; sie erfüllen Tast- und Sinnesfunktionen und werden von Bienen mit besonders auffälliger Haarfarbe mitunter auch als Warnsignal zur Abschreckung von Angreifern eingesetzt. Von den 147 bekannten *Triepeolus*-Arten leben die meisten in Nordamerika und einige wenige in Europa, Asien und Südamerika. In Australien und Afrika ist die *Triepeolus* nicht vertreten.

Paranomada velutina

* engl.: Plush Stealth Cuckoo („Pelzige pfiffige Kuckucksbiene")

Gesammelt von Laurence Packer in Arizona

Diese Kuckucksbiene mit dem weichen schnittigen Haarkleid ist ein raffinierter Brutparasit, der in die Erdnester der kleinen *Exomalopsis* eindringt. Dies ist gar nicht so einfach, denn die *Exomalopsis*-Weibchen leben oftmals in Nestgemeinschaften zusammen und sorgen gemeinsam für den Schutz und Erhalt des Nestes. Vielleicht haben sie erkannt, dass sie als Gruppe besser vor Eindringlingen geschützt sind. Kuckucksbienen tragen in der Regel ein spezielles Rüstzeug, durch das sie sich im Falle eines Aufeinandertreffens mit ihren Wirtsbienen gewaltsam Zutritt zu deren Nest verschaffen können. Die *Paranomada velutina* verlassen sich bei ihren heimlichen Streifzügen jedoch ganz allein auf ihren Verstand und ihre Geschicklichkeit. Sie halten ihren Körper flach gegen die Wände der Nisthöhlen gedrückt, während sie sich den Brutzellen nähern, um dort ihre Eier zu legen.

Andrena fenningeri

Sandbiene

engl.: Maple Solitary Miner („Solitär lebende Ahorn-Sandbiene“)

Gesammelt von Susan Livera in Bowie, Maryland, USA

Die ersten Frühlingstage sind eine unsichere Zeit für Bienen. Kälte und Regen können die Nahrungssuche erschweren, und wenn die Bienen zu früh aus ihrer Winterruhe erwachen, finden sie womöglich nicht genügend Blüten, um davon leben zu können. Es ist auch die Zeit, in der die Bäume beginnen, ihre Pollen freizusetzen (und Pollenallergiker die ersten Symptome spüren). Viele Frühblüher sind windbestäubt; sie produzieren keinen Nektar und ihr Pollen ist nicht nahrhaft genug, um Bienen anzulocken. Manche Bäume, darunter auch einige nordamerikanische Ahornarten, halten ein wenig Nektar und Pollen für hungrige Insekten bereit, um sich sowohl vom Wind als auch von Insekten bestäuben zu lassen. Die Menge und der Geschmack der Ahornpollen sind je nach Baumart unterschiedlich. Der Rotahorn (*Acer rubum*) beispielsweise wird von Bienen sehr gerne besucht, wohingegen der Zuckerahorn (*Acer saccharum*) weitaus weniger attraktiv zu sein scheint.

Die Ahorn-Sandbiene weiß dieses frühe, meist überschüssige Angebot an minderwertiger Pollennahrung zu nutzen und ist eine der ersten Bienen, die im Frühjahr ihr Nest verlassen. Rechtzeitig zu den ersten warmen Frühlingstagen graben sich die Sandbienen-Weibchen aus ihrem Hibernarium (eine kleine Höhle, in der sich Bienen über die Wintermonate zurückziehen) an die Erdoberfläche und beginnen sogleich mit der Suche nach Ahornblüten oder anderen Blütenpflanzen, die zur Bestäubung bereitstehen. Sollte sich das Wetter verschlechtern, harren sie geduldig in ihren Nestern aus. Ahornbäume sind in nordamerikanischen Vorstadtsiedlungen häufig zu finden, und solange sich der Einsatz von Pestiziden in Grenzen hält, wird es in unmittelbarer Nachbarschaft von Wohnhäusern und Parkanlagen auch Nester von Ahorn-Sandbienen zu entdecken geben.

Lasioglossum sopinci

Schmalbiene
engl.: Micro-Desert Hairy-Tongue („Kleinwüsten-Schmalbiene")

Gesammelt von Sam Droege in Maryland und Heather Campbell in North Carolina, USA

Die Gattung der *Lasioglossum* (Schmalbienen) ist die artenreichste der Welt. Mehr als 2.000 verschiedene Schmalbienenarten sind bereits beschrieben und es warten mit Sicherheit noch viele weitere darauf, identifiziert zu werden. Es ist gar nicht so leicht, sie auseinanderzuhalten, zumal sie als Pollengeneralisten überall dort vorkommen, wo krautige Pflanzen wachsen. Die *L. sopinci* stellen in dieser Hinsicht eine Ausnahme dar, denn sie nisten ausschließlich auf Lichtungen mit sandigen Böden in den östlichen Waldgebieten der USA. Aus geologischer Sicht handelt es sich bei vielen dieser umwaldeten Sandflächen um Binnendünen, die vom Wind entlang eines ehemaligen Fluss- oder Meeresufers aufgeschichtet wurden. Interessant ist, dass sich die *L. sopinci* weder im angrenzenden Wald noch auf aktiven Meeresdünen niederlassen, wie es andere Schmalbienen tun, sondern lediglich die verbliebenen Dünengebiete als Lebensraum nutzen.

Da die natürliche Waldregulation, etwa durch Waldbrände, in den vergangenen Jahren deutlich zurückgegangen ist, drohen die sandigen Binnendünen immer mehr unter den dichten Baumkronen zu verschwinden und die nordamerikanische Schmalbiene muss sich auf die Suche nach alternativen Lebensräumen machen. Hierbei können wir behilflich sein, denn schließlich wird Sand auch vom Menschen zu Tage gefördert und als Werkstoff eingesetzt, etwa in der Errichtung von Straßen- und Gleisbettungen. Es scheint eine glückliche Fügung, dass sich die *L. sopinci* in den Sandgruben unserer Sandwerke genauso wohlfühlt wie auf abgebrannten Waldflächen. Der Fund dieses Männchens in einem aktiven Sandwerk in Maryland ist ein erstklassiger Beweis dafür. In Zusammenarbeit mit Sandwerksbetreibern könnte man stillgelegte Sandgruben in „Kleinwüsten" mit einer natürlichen Vielfalt an Pflanzenarten verwandeln – dann stünden die Chancen gut, dass die Zahl der *L. sopinci* wieder ansteigt.

Lasioglossum truncatum

Schmalbiene
engl.: Square-Neck Hairy Tongue („Breithals-Schmalbiene“)

Gesammelt von Tim McMahon in Maryland

Männchen und Weibchen der gleichen Spezies sehen oftmals so verschieden aus, dass sie häufig nicht als Artgenossen erkannt werden. Die Männchen wirken im Allgemeinen wie ein weniger weit ausgereifter Prototyp der Weibchen; sie sind kleiner, schlanker und haben längere Antennen, wodurch sie stärker an ihre wespenartigen Vorfahren erinnern als die weiblichen Bienen. Bei fast allen Bienenarten besitzen die Weibchen 12 und die Männchen 13 Fühlerglieder, wie sich am Bild dieses Schmalbienenmännchens gut nachzählen lässt.

Die *Lasioglossum truncatum* kommt im Nordosten der USA, in den Seeprovinzen am südlichen Abschnitt der kanadischen Atlantikküste sowie im Süden von Quebec und Ontario regelmäßig vor. Einige Kolonien haben sich zudem entlang der Appalachen an der Ostküste der USA angesiedelt. Sie ist taxonomisch erfasst und in Sammlungen häufig zu finden, dennoch ist bislang kaum etwas über die Biologie (Lebensweise, Organisation, Entwicklung usw.) dieser Schmalbienenart bekannt.

Habropoda excellens

* engl.: Three-Spotted Digger („Dreifach gepunkteter Erdnister")

Gesammelt von K. Moredock in Utah

Die *Habropoda* haben sich rund um den Globus entlang der mittleren nördlichen Breitengrade angesiedelt. Sie gelten in der Regel als Pollenspezialisten und besuchen nur wenige der unzähligen Pflanzenarten, die auf den weitläufigen Landstrichen wachsen. Wir haben in diesem Buch bereits einige Bienen vorgestellt, die ihre Eier in fremde Nester einschleusen und den Nachwuchs der Nestbesitzerinnen töten. Es gibt aber noch eine ganze Reihe anderer Parasiten, die sich an Bienennestern zu schaffen machen. Dazu zählt etwa die Gruppe der Ölkäfer, die man häufig in unmittelbarer Nähe von Blüten hocken sieht. Im Gegensatz zu anderen Käferlarven ist die Larve aus dem Ei des Ölkäferweibchens sehr agil. Aufgrund der drei Fußklauen an ihren Beinen wurde sie von Seiten der Wissenschaft mit dem schönen Namen *Triungulinus* bedacht.

Um ins Nest der Wirtsbiene zu gelangen, produzieren die *Triungulinus*-Larven einer kalifornischen Ölkäferart den weiblichen Botenstoff der *Habropoda pallida*, einer etwas einheitlicher gefärbten Verwandten der hier abgebildeten schachbrettfarbigen *H. excellens*. Dazu versammeln sich mehrere Käferlarven am oberen Ende eines Pflanzenstiels und stellen die Körperform einer Biene nach. Von ihrem Duft angelockt, wittert ein vorbeifliegendes Bienenmännchen eine schnelle Paarungsgelegenheit und lässt sich auf der Gruppe nieder. Die Larven krallen sich an der Unterseite des Männchens fest und werden bei seinem nächsten erfolgreichen Paarungsversuch zu einem geeigneten Weibchen transportiert. Die blinden Passagiere steigen sogleich auf ihre Wirtsbiene um, die sie nach Beendigung des Futterfluges nichts ahnend mit in ihr Nest trägt. Dort angekommen, töten und verspeisen die *Triungulinus*-Larven die gesamte Nachkommenschaft der *Habropoda*, nisten sich in den geöffneten Brutzellen ein und laben sich an den Futtervorräten, die für die Larven der Biene bestimmt waren.

Apis mellifera

Westliche oder Europäische Honigbiene

Gesammelt von Tim McMahon und Andy Garavito in Maryland, USA

Apis ist das lateinische Wort für Biene und zugleich auch bezeichnend für den Tätigkeitsbereich, mit dem sich die Autoren dieses Buches am liebsten befassen – der Apidologie, zu Deutsch Bienenkunde. Die *Apis mellifera* war ursprünglich in Europa, Afrika und Asien beheimatet und wurde von dort als Nutztier nach Amerika gebracht. Sie wird häufig als „Westliche" oder „Europäische" Honigbiene bezeichnet, um sie von der in Asien domestizierten Östlichen Honigbiene (*Apis cerana*) und einem weiteren halben Dutzend wildlebender Honigbienenarten, die ausschließlich in Asien beheimatet sind, abzugrenzen. Für viele Menschen ist die Westliche Honigbiene zugleich auch die einzige Bienenart, die sie kennen. Doch im weltweiten Artenvergleich ist sie wahrlich nicht das beste Beispiel einer typischen Durchschnittsbiene. In der Gattung der *Apis* gründen nur wenige Bienen einen Staat (mit einer Königin und vielen unfruchtbaren Arbeiterinnen) und nur ein Bruchteil davon sammelt Pollen und Nektar in derart großen Mengen, dass die Kolonie einen ganzen Winter oder eine Dürreperiode hindurch von den Vorräten leben kann. Was die Qualität des Honigs betrifft, so gibt es nur zwei Honigbienenarten, deren Erzeugnisse auch in heißen, trockenen Gebieten über Jahre hinweg haltbar sind. Und das sind noch lange nicht alle Besonderheiten, durch die sich die uns so wohl bekannte *Apis mellifera* von anderen Bienen unterscheidet. Die meisten Menschen wissen vielleicht, dass die Arbeiterin ihren Stachel nach dem Stechen nicht mehr aus ihrem Opfer herausziehen kann. Die großen Widerhaken am Schaft des Stachels verhaken sich so fest, dass der Stachel aus dem Hinterleib der Biene gerissen wird, wenn das Opfer die Biene abstreift oder die Biene versucht, sich selbst zu befreien. Weitere Auffälligkeiten sind etwa der Schwänzeltanz, der weite Flugradius, die Wachsdrüsen zur Herstellung der Wabe, die Arbeitsaufteilung im Bienenstock sowie der Aufbau von Kolonien mit zehntausenden Arbeiterinnen.

Auf den Bildern sind noch andere morphologische Besonderheiten der Westlichen Honigbiene zu erkennen: Die Härchen auf den Augen, die der Biene beim Navigieren helfen; die unglaublich großen Facettenaugen der Drohnen, die sich am Kopfscheitel berühren; die verlängerten abgeflachten Hinterbeine, mit denen die Sammlerinnen riesige Mengen an Pollen und Nektar zum Erhalt der Kolonie eintragen … und so weiter.

Coelioxys dolichos

Kegelbiene
engl.: Batman Coelioxys („Fledermaus-Coelioxys")

Gesammelt von Sam Droege in Maryland, USA

Kegelbienen sind aufgrund ihrer Körperform leicht von anderen Bienengattungen zu unterscheiden. Mit ihren fledermausartigen Flügeln lässt sich diese Kegelbiene auch innerhalb ihrer Gattungsgruppe rasch zuordnen. Die *Coelioxys dolichos* ist ein Kleptoparasit; sie sucht gezielt nach Nestern von Blattschneiderbienen der Spezies Megachile *xylocopoides*, zu sehen auf Seite 144, und legt dort ihre Eier ab. Es gibt erstaunliche Parallelen in der Entwicklung dieser beiden Bienenarten. Beide haben beispielsweise einen schwarz glänzenden Körper und dunkle violett-schwarze Flügel. Noch ist unklar, inwieweit diese körperliche Ähnlichkeit von Nutzen sein kann, denn keine Nestbesitzerin lässt einen ungebetenen Gast freiwillig in die Nähe ihrer Brut.

Ein typisches Merkmal der Kegelbienenweibchen ist ihr spitz zusammenlaufender Hinterleib. Damit pressen sie ihre Eier zwischen die Deckschicht der Brutzellen oder in die Pollen-Nektar-Kugeln, die von der Wirtin in den Zellen eingelagert wurden. Wie bei den meisten Kegelbienen sind die Augen der C. *dolichos* mit kurzen Härchen bedeckt, eine Eigenheit, die bei keiner anderen aus Nordamerika stammenden Bienengattung zu finden ist.

Verschiedene Wespen

Sie werden vermutlich fragen, was Wespen in einem Buch über Bienen zu suchen haben. Der Grund ist schnell erklärt: Wespen sind die Urahnen der Bienen. Die Verwandlung begann, als sich einige Wespenarten zunehmend zu Blütenpflanzen hingezogen fühlten. Sie versorgten ihren Nachwuchs nicht länger mit betäubten Insekten, Spinnentieren und anderen Gliederfüßern, wie es für Wespen üblich ist, sondern begannen mit dem Sammeln von Blütenpollen und Nektar. So haben sich aus fleischfressenden Wespen vegetarisch lebende Bienen entwickelt. Manche Bienen- und Wespenfamilien sind der gleichen Überfamilie zugeordnet, denn ihr Verwandtschaftsverhältnis beruht auf zahlreichen Gemeinsamkeiten. Einige Arten sehen sich so verblüffend ähnlich, dass sie selbst unter dem Mikroskop nur schwer auseinanderzuhalten sind. Vor allem jene Bienenarten, die eine parasitäre Lebensweise angenommen haben und ihre Eier in die Nester pollensammelnder Bienen legen, kommen in ihrer Größe, Farbe und Körperform den Wespen sehr nahe, wie die Profile auf den Seiten 30, 37, 47, 78, 82 und 109 zeigen. Auch die meisten Kropfsammler und einige Bauchsammler, wie jene auf den Seiten 18, 22 und 142 haben mit den Wespen mehr gemeinsam als mit anderen Bienen.

ANMERKUNGEN ZUR FOTOGRAFIE

Die Abbildungen in diesem Buch wurden zum überwiegenden Teil mit einer handelsüblichen Fotoausrüstung aufgenommen. Kamera, Blitzgerät und Objektive entsprechen den Modellen, die viele Hobbyfotografen bereits zu Hause haben.

Egal ob zum Vergrößern eine Kameralinse oder ein Mikroskop eingesetzt wird, wichtig für die Qualität der Bilder ist die richtige Schärfentiefe. Mit einer stark vergrößernden Linse kann nur ein sehr kleiner Bereich des Gegenstandes scharf abgelichtet werden. Bei 5-facher Vergrößerung, wie sie für viele Exemplare in diesem Buch gewählt wurde, erscheint demnach nur ein Bruchteil eines Millimeters der Biene in optimaler Schärfe – viel zu wenig, um das Foto interessant zu machen. Dank spezieller Softwareprogramme, die mittlerweile von zahlreichen Anbietern erhältlich sind (wir verwenden *Zerene Stacker* für unsere Bilder), ist es möglich, Teilaufnahmen, die in leicht abweichenden, sich überlagernden Entfernungen getätigt werden, zu einem vollständigen scharfen Bild zusammenzufügen. Diese Vorgehensweise bezeichnet man als *Focus stacking*.

Im letzten Abschnitt dieses Buches sind ein paar Links zur genauen Aufstellung unserer Fotoausrüstung genannt. Im Grunde übernehmen wir die Technik, die uns von Tony Gutierrez vom Labor für öffentliches Gesundheitswesen der US Army empfohlen wurde, in leicht abgewandelter Form. Dazu gehört eine Canon EOS 5D Mark II-Systemkamera, ein Canon M-PE 65mm 1-5x Makroobjektiv, das Canon Macro Twin-Blitzgerät mit Doppelreflektor sowie ein Stackshot-Kameraschlitten, der die Kamera mithilfe eines Mikroprozessors in sehr kurzen aber präzisen Abständen bewegen und den Auslöser betätigen kann. Um die Lichtstreuung abzuschwächen, hängen wir die Blitzköpfe der Kamera vor dem Insekt in eine umgelegte Styroporkiste. Die Hinterseite der Kiste wird ausgeschnitten und ein schwarzes Samttuch rund einen Meter von der Öffnung entfernt an der Wand befestigt, damit der Hintergrund möglichst dunkel erscheint (empfehlenswert ist zudem eine ISO-Einstellung von 100 für die Lichtempfindlichkeit des Bildsensors).

Nachdem wir eine Serie überlagerter Bilder angefertigt haben, übermitteln wir die Serie an *Zerene Stacker*, das ein neues Gesamtbild aus den scharfen Details der Einzelbilder erstellt. Letzte Unschärfen werden anschließend mit Photoshop beseitigt. In den meisten Fällen löschen wir auch die Insektennadel aus dem Bild und entfernen die Staubschicht auf den zum Teil über 100 Jahre alten Museumspräparaten.

Die Bienen, die in diesem Buch zu sehen sind, waren ursprünglich nicht für fotografische Zwecke gesammelt worden und geben im Grunde relativ minderwertige Fotomotive ab. In den Fängen ihrer Sammler werden Bienen häufig mit Staub, Schmutz, Pollen, erbrochenem Nektar und Schuppen anderer gesammelter Insekten verunreinigt. Ein unversehrtes sauberes Exemplar mit schön gebürstetem Haar findet man relativ selten, weshalb wir uns dazu veranlasst sehen, das Haarkleid unserer Fotomodelle ein wenig aufzufrischen. Unter dem Mikroskop entfernen wir lose Härchen, Fasern und Schuppen, im Besonderen im Bereich der Augen. Dies gelingt am besten mit kurzen Pinseln, von denen wir den Großteil der Borsten abschneiden; manchmal verwenden wir Pinsel mit nur einer einzelnen Borste. Größere Staubkörner ziehen wir mit einer angefeuchteten Nadelspitze aus den Haaren der Biene, bis sie vom gröbsten Schmutz befreit ist.

Vor dem Fotografieren geben wir das Insektenpräparat über Nacht in einen kleinen, mit feuchtem Küchenpapier ausgelegten Plastikbehälter, damit die Gliedmaßen an Beweglichkeit zurückgewinnen. Am nächsten Morgen stecken wir die erfrischt aussehende Biene wieder auf ihre Nadel. Durch die Feuchtigkeitsrückfuhr lassen sich Beine und Fühler nach Belieben ausrichten. Oftmals verdunkeln sich auch die Komplexaugen wieder, sodass die unschönen Mosaikmuster, die sich in den ausgetrockneten Augen gebildet haben, nicht länger zu sehen sind. Wenn Schmutz, Pollen und klebrige Substanzen hartnäckig an einem wertvollen oder seltenen Exemplar haften, tauchen wir die Biene (nach mehrstündigem Befeuchten) in ein Zentrifugenröhrchen mit heißem Seifenwasser und schütteln das Röhrchen einige Minuten kraftvoll durch. Anschließend spülen wir die Biene unter dem Wasserhahn ab und legen sie in ein weiteres Zentrifugenröhrchen mit Aceton, um Wasserrückstände zu beseitigen. Im letzten Schritt der Rundumerneuerung halten wir unser Fotomodell vorsichtig vor ein Druckluftgebläse, das sein Haarkleid schön aufbauscht (der Druckluftstrom darf nicht zu stark sein, denn sonst zerreißen die Flügel). Die schönsten Fotos entstehen von frisch gesammelten Exemplaren, die nur wenige Minuten nach dem Einfangen fotografiert werden.

WEITERFÜHRENDE QUELLEN

Bienen sind eine kleine, weit verbreitete Insektengruppe mit über 20.000 Arten. Wer Bienen erforschen und unter dem Mikroskop betrachten möchte, kommt nicht darum herum, sie einzufangen, zu töten und auf Insektennadeln aufzuspießen. Es wurden bereits zahlreiche Forschungsergebnisse zu Papier gebracht, viele davon in regionalen Fachzeitschriften, die in der Vergangenheit nur einen kleinen Interessentenkreis erreichten. Doch das ist gerade im Begriff, sich zu ändern. Wenn man heute den Namen einer Bienengattung in eine Internet-Suchmaschine eingibt, erhält man Zugriff auf viele dieser wissenschaftlichen Veröffentlichungen. Im Folgenden finden Sie einige Internetseiten mit umfangreichen Literaturangaben, die zum Teil direkt mit wissenschaftlichen Publikationen oder ganzen Studien verlinkt sind. Wer noch tiefer in die Welt der Bienen eintauchen möchte, dem stehen literaturbasierte Suchmaschinen und die PDF-Datenbanken von *Google Scholar, JSTOR* oder der *Biodiversity Heritage Library* zur Verfügung. Anders etwa als Texte über die topologische Quantenfeldtheorie oder die mathematische Kategorientheorie sind wissenschaftliche Publikationen von Biologen im Fachbereich Naturgeschichte generell sehr gut verständlich und auch für Laien lesenswert.

Darüber hinaus gibt es Internetdatenbanken speziell für Wildbienen. Eine Datenbank, die wir ständig nutzen, ist *Discover Life* (www.discoverlife.org). Dort lassen sich die Fundorte weltweit gesammelter Exemplare einer beliebigen Bienenart auf Landkarten einsehen. Die geografische Zuordnung erfolgt mithilfe der Geoinformationssoftware *Global Mapper. Discover Life* bietet zudem eine aktuelle Liste mit allen wissenschaftlichen Bienennamen sowie eine länderspezifische Aufstellung des weltweiten Bienenvorkommens, zusammengetragen von John Ascher und John Pickering (www.discoverlife.org/mp/20q?guide=Apoidea_species). Ebenfalls in der Datenbank enthalten sind Bestimmungsschlüssel und eigene Informationsseiten für alle nordamerikanischen Bienenarten nördlich von Mexiko (www.discoverlife.org/mp/20q?search=Apoidea#Identification).

Ein hervorragender digitaler Bildatlas zu den Familien, Unterfamilien und Tribus der weltweit vorkommenden Bienen steht auf der Internetseite von Laurence Packers Forschungslabor (Packer Lab) zur Ansicht bereit. Dort finden sich auch Fotos von den meisten kanadischen Bienenarten – einige seltene Arten, die noch fehlen, werden unmittelbar nach ihrem Fund ergänzt – sowie Bestimmungsschlüssel zu den weltweiten Bienenfamilien und den Bienengattungen in Kanada (http://www.yorku.ca/bugsrus/resources/resources). Eine Bilddatenbank mit den Bienengattungen aller Länder ist bereits in Arbeit.

In Europa entsteht unter der Leitung der wissenschaftlichen Arbeitsgruppe *Atlas Hymenoptera* (www.atlashymenoptera.net/) eine umfangreiche digitale Datenbank für alle europäischen Bienenarten mit Beschreibungen, Bildern und Kartenmaterial, das bis über die Grenze Nordafrikas und des Nahen Ostens reicht. Für den Raum Großbritannien hält die *British Bees, Wasps and Ants Recording Society* (www.bwars.com) zusätzliche Leitfäden, Bilder, Karten und andere hilfreiche Unterlagen bereit.

Zu den Gattungen und Untergattungen südlich der Sahara wurde ein wunderbares Buch veröffentlicht (www.abctaxa.be/volumes/vol-7-bees), das eine sehr gute Ergänzung zu den Namenslisten, Bildern und Verteilungsspiegel der Bioinformatik-Plattform *WaspWeb* bietet (http://www.waspweb.org/Afrotropical_wasps/index.htm). Die australische Forschungseinrichtung für Biosicherheit und Biodiversität *PaDil* betreibt eine sehr informative Internetseite, erstellt von Ken Walker, auf der eine Vielzahl der Bestäuber Australiens zu sehen sind (http://www.padil.gov.au/pollinators). In Brasilien hat Padre Jesus Moure ein Verzeichnis aller neotropischen Bienenarten geschaffen, das in den Folgejahren erweitert und von Gabriel Melo online gestellt wurde (http://www.moure.cria.org.br/). Zwar sind darin keine Bilder enthalten, doch die Sammlerinformationen, Verbreitungsangaben und taxonomischen Bestimmungsdaten sind höchst umfassend und vollständig. Rajiv Gupta dokumentiert das Artenvorkommen samt Fundortangaben und Pollenpräferenzen der Bienen in Indien sowie weiten Teilen Südostasiens und des Nahen Ostens (www.beesind.com/beesind2). Im Zuge jahrelanger Recherchen hat er ein Literaturverzeichnis zusammengestellt, in dem oftmals schwer auffindbare Fachpublikationen über Bienen gelistet sind. Das Verzeichnis wird von ihm laufend aktualisiert und kann über seine Internetseite (www.beesind.com) abgerufen werden. Der Japaner Osama Taduchi hat wesentlich zur Identifizierung der über 400 Bienenarten der japanischen Inselkette beigetragen. In seiner Online-Datenbank finden sich unter anderem Bestimmungsschlüssel zu den jeweiligen Gattungen, Angaben zu den besuchten Blüten und Bilder von allen dort gesichteten Bienenarten (http://konchudb.agr.agr.kyushu-u.ac.jp/hanabachi/).

In den vergangenen Jahren sind zahlreiche begehrte Sachbücher über Bienen in vielen Sprachen veröffentlicht worden. Erwähnt sei an dieser Stelle Charles Micheners Buch *The Bees of the World*, das 2007 in zweiter Auflage im Verlag John Hopkins University Press erschienen ist. Das Lebenswerk des aus Kalifornien stammenden Entomologen (seine Doktorarbeit erschien 1944) vereint das gesamte Wissen über die Biologie und Taxonomie der Bienen und gilt als Pflichtlektüre für fachlich versierte Bienenfreunde.

Wenn Sie selbst Bienen beobachten, sammeln und bestimmen möchten, empfehlen wir Ihnen das *Handy Bee Manual* als praktischen Ratgeber (http://bio2.elmira.edu/fieldbio/handybeemanual.html). Das englischsprachige Handbuch kann kostenlos aus dem Internet heruntergeladen werden und bietet viele nützliche Hinweise darauf, wie Sie Ihr Vorhaben fachgerecht in die Tat umsetzen. Im dazugehörigen YouTube-Kanal gibt es Anleitungen zum Fangen, Präparieren und Fotografieren von Bienen (www.youtube.com/user/swdroege). Die Bilder zu diesem Buch finden Sie zusammen mit Hunderten weiteren Bienenaufnahmen auf unserer Flickr-Seite (www.flickr.com/photos/usgsbiml). Die hohe Auflösung ermöglicht bei einem Großteil der Bilder eine hervorragende Detailansicht, selbst bei starker Vergrößerung. Wir würden uns freuen, wenn Sie die Bilder für ihre Zwecke weiterverwenden – sie sind für den uneingeschränkten privaten und kommerziellen Gebrauch freigegeben und nicht urheberrechtlich geschützt.

DANKSAGUNG

Wir möchten uns bei den vielen Entomologen und Hobbysammlern bedanken, die uns Bienenpräparate von überall auf der Welt zur Verfügung gestellt haben. Die wunderschönen und seltenen Exemplare stammen oftmals aus abgelegenen unwegsamen Gebieten und wurden auf Exkursionen zusammengetragen, die von den Sammlern zum Teil selbst finanziert wurden. Das Sammeln und Erforschen von Bienen ist eine zeitaufwändige Beschäftigung und viel von unserem heutigen Wissen über Bienen geht auf den außertourlichen persönlichen Einsatz von Einzelpersonen zurück (die zum Glück aber durchaus Gefallen an den Abenteuern finden, die damit verbunden sind).

Unser besonderer Dank gilt John Ascher und John Pickering für die Erstellung und Veröffentlichung eines Verzeichnisses, in dem das Artenvorkommen der Wildbienen in jedem Land der Welt gelistet ist. Wir bedanken uns bei jedem unserer Forschungslabore für die großartige Unterstützung und bei unseren Vorgesetzten, die uns im Hinblick auf dieses Buchprojekt überwiegend freie Hand ließen. Dank gebührt auch den vielen interessierten Bienenfreunden auf Flickr, Reddit, Facebook, Tumblr und anderen Onlineplattformen, die uns auf Fehler aufmerksam gemacht und unsere Arbeit mit positiven Rückmeldungen vorangetrieben haben. Abschließend möchten wir der *National Wildlife Federation* dafür danken, dass sie die ersten waren, die unsere Bilder aufgegriffen haben.

ÜBER DIE AUTOREN

SAM DROEGE ist Wildtierbiologe am Patuxent Wildlife Research Center, einer Forschungseinrichtung des US-Innenministeriums. Er hat zahlreiche Beiträge für Fachzeitschriften verfasst und behördliche Veröffentlichungen über Vögel, Amphibien und Insekten herausgegeben. Mehrere Radio- und TV-Sender, *National Geographic*, der amerikanische Naturschutzverband NWF sowie zahlreiche Wissensmagazine wie *Wired*, das *Wall Street Journal* und *Popular Science* berichteten bereits über seine Errungenschaften in der Katalogisierung und fotografischen Darstellung von Wildbienen.

LAURENCE PACKER ist Professor für Biologie an der York University in Toronto, Kanada. Er hält Vorlesungen in den Fachbereichen Entomologie und Biodiversität und leitet eine Forschungsgruppe, in der junge wie langjährig erfahrene Bienenwissenschaftler vertreten sind. Er ist Autor und Co-Autor mehrerer wissenschaftlicher Artikel über die Biologie der Bienen und hat zusammen mit seinem Forscherteam über 100 Wildbienenarten beschrieben. Sein Sachbuch *Keeping the Bees* wurde im HarperCollins Verlag veröffentlicht.